W0049375

SCHNÄPSE UND EDELBRÄNDE

Herstellung und Vermarktung

Andreas Fischerauer

av BUCH

Inhaltsverzeichnis

Hochwertige Brände herstellen 6

Rohstoffe 8
Anforderungen an die Rohstoffe 8
Rohstoffe und der dazugehörige Brand 9
Kernobst 10
Steinobst 14
Beerenobst 19
Wein und Produkte rund
um die Traube 23
Stärkehältige Stoffe 25

Maischebereitung und Vergärung 28
Geräte zur Zerkleinerung
der Rohstoffe 28
Spezielle Erfordernisse bei
der Zerkleinerung 29
Pumpen für den Maischetransport 31
Maischebehandlung vor der Gärung 31
Die Vergärung von Maische 36
Möglichkeiten der Gärsteuerung 37
Gründe für Gärstockungen 38
Gründe für biologischen Verderb
von Maische 39

Destillation 40
Arten der Destillation 40
Aufbau des Brenngerätes 41
Erhitzungsarten bei Brenngeräten 47
Technik der Destillation 48
Fraktionen eines Feinbrandes 51
Mögliche Fehler und deren Beseitigung ... 54

Entsorgung von Abwässern
und Abfällen 56
Reinigung und Unterhalt der
Brennapparaturen 57

Lagerung und Fertigstellung 59
Geeignete Lagerbehälter 59
Fertigstellen der Destillate 61

Abfüllung und Kennzeichnung 68
Abfüllung von Edelbränden 68
Kennzeichnung von Edelbränden 69

Trendprodukte im Edelbrandbereich 70
Wie kann ein neues Produkt
am Markt etabliert werden? 72

Liköre als Zusatzprodukt 74
Zutaten für die Likörherstellung 74
Likörherstellung 76

Qualitätssicherung und
Wirtschaftlichkeit 79
Qualitätssicherung 79
Wirtschaftlichkeit 93

Anhang 99
Arbeitssicherheit 99
Rechtliche Bestimmungen 100
Glossar 101
Literatur 103
Register 104

Spitzenbrände sind kein Zufall

Obstbranntweine werden schon seit Jahrhunderten hergestellt. Die Geschichte der Destillation ist immer noch ein Geheimnis und mit Mystik verbunden. Die schnellen Fortschritte der Technologie und die moderne Wissenschaft haben es ermöglicht, dem Geheimnis auf die Spur zu kommen. Durch neue Systeme und ausgereifte Geräte ist es möglich, Spitzenprodukte mit typischen Fruchtaromen und dem Geschmack der „Natur" herzustellen. Viele Geheimnisse konnten gelüftet werden, doch auch nach dem Studium dieses Buches wird noch das eine oder andere Geheimnis bleiben. Eigene Erfahrungen und viele Gespräche mit Berufskollegen haben es möglich gemacht, praxisnahe und nachvollziehbare Anleitungen zur einfachen und effizienten Herstellung von Edelbränden aus Obst und Getreide zu geben.

Ich wünsche Ihnen mit diesem Werk viel Freude und gute Edelbrände!

Andreas Fischerauer

1. Hochwertige Brände herstellen

Das Brennen von Obst, Getreide und Gemüse hat eine sehr lange Tradition. Und ebenso alt ist die Beschäftigung mit der Qualität der erzielten Brände. Was ist ein hochwertiger Brand? Wie erreicht man höchste Qualität? Die Schnapskultur veränderte sich im Laufe der Zeit. Heute hat die Qualitätsdebatte einen neuen Level erreicht. Feine Aromen, spezifische Düfte und der beste Geschmack werden immer bedeutendere Qualitätskriterien für einen hochwertigen Brand aus Sicht der Konsumenten und Produzenten. Im Zusammenhang mit Destillaten aus Obst, Getreide und Gemüse wird der Begriff „hochwertig" am einfachsten mit einer geschmacklichen Definition umrissen: *„Das fertige Produkt riecht und schmeckt nach der namensgebenden Ausgangsware, brennt weder am Gaumen, noch sticht es in der Nase. Der Gesamteindruck ist weich, rund und harmonisch."* Dieses Ziel sollte vom Brenner erreicht werden. Dass dem oft nicht so ist, zeigen alljährliche Bewertungen und Veranstaltungen rund um den Edelbrand.

Gründe, die eine gute Qualität verhindern, können entweder bei der Rohware, dem fehlenden Wissen oder auch einem „Nicht-Wollen" gesucht werden. Oftmals wird das Brennen trotz jahrelanger Aufklärung immer noch als Resteverwertung gesehen. In einer Zeit, in der weniger Alkohol getrunken wird und daher die Ansprüche an ein Getränk stets höher werden, ist es auch in der Branntweinproduktion notwendig geworden, sich den veränderten Konsumentenwünschen anzupassen. Betriebe, die schon vor einigen Jahren diesen Weg erkannt haben und sich vom Alkoholproduzenten zum Edelbrandhersteller entwickelt haben, können gute Erfolge in den Bereichen Image und Wirtschaftlichkeit aufweisen. Gleichzeitig honorieren die Konsumenten diesen Weg, indem sie Preise für derartige Produkte bezahlen, die vor einigen Jahren nicht einmal für ausländische Spitzenprodukte bezahlt worden wären. Aus diesem Grund muss jeder, der sich mit der Brandproduktion befasst, begreifen, dass es nur mit höchster Qualität möglich ist, Edelbrände längerfristig am Markt zu positionieren. Durch die Vielfalt der verschiedenen Rohmaterialien ist eine breite Palette an interessanten Produkten möglich. Diese große Vielfalt schafft für verschiedenste Betriebe die Möglichkeit sich zu positionieren und ein gutes Nebeneinkommen zu erwirtschaften. Doch auch beim Außer-Acht-Lassen der wirtschaftlichen Seite macht das Produzieren großen Spaß und ist mit langem Genuss verbunden.

Hauptgründe für das Brennen als Hobby oder zur wirtschaftlichen Ertragssteigerung sind folgende Punkte:
– Verringerung der Abhängigkeiten am Pressobstsektor
– Erhaltung der Extensivobstbäume aus ökologischer und ästhetischer Sicht
– Produktionsvorzüge bezüglich Qualität und Echtheit
– Möglichkeit einer Einkommenserweiterung
– Ausübung eines schönen Hobbys
– Genuss und Spaß

Bevor Sie zum eigentlichen Ansetzen schreiten, ist einiges zu überlegen. Sie sollten beachten, dass Sie zu allen Tätigkeiten ein wenig Zeit, vor allem jedoch Freude und Geduld brauchen, was schon beim Sammeln der Ingredienzien notwendig ist. Vielleicht gewinnen Sie jedoch Ihrer Freizeit dadurch interessante Stunden ab und haben große Freude mit den erworbenen Erkenntnissen. Vor allem sollten Sie jedoch davon ausgehen, dass das Ansetzen eines Schnapses nichts mit geheimnisvollen, nicht erklärbaren Dingen zu tun hat, sondern dass es natürliche Vorgänge sind, die nicht schwierig zu erlernen sind. Das Ansetzen von Schnäpsen hat

auch nichts mit dem Brennen oder Destillieren von Alkohol zu tun. Dieses unterliegt sehr strengen und ausführlichen Gesetzen und sollte in der Regel denen, die es professionell betreiben, vorbehalten bleiben.

Gesetzliche Rahmenbedingungen

Die Europäische Spirituosenverordnung in der jeweils gültigen Fassung definiert genau die Brennereiprodukte. Die Herstellung von Alkohol ist national geregelt und in jedem Staat unterschiedlich. Für den Brenner ist es wichtig, vor der Alkoholherstellung die rechtliche Situation abzuklären. Je nach Produktionsverfahren sind unterschiedliche Abgaben zu entrichten und Auflagen zu erfüllen (weitere Informationen im Anhang).

Vielfalt an Edelbränden

2. Rohstoffe

Obst, Gemüse und Getreide, die zur Brandherstellung verwendet werden, müssen den üblichen „großen Drei" – Gesundheit, Reife und Sauberkeit – entsprechen. Diese Anforderungen werden an jede Obst- und Gemüseart und an jede Qualitätsklasse gestellt.

Anforderungen an die Rohstoffe

Bei der Edelbrandproduktion sollten wirklich nur beste und frische Früchte verarbeitet werden. Nur wenn die Früchte, das Gemüse oder Getreide diese Eigenschaften erfüllen, ist ein wirklich gutes Produkt möglich. Nicht nur hygienische, sondern auch fundierte fachliche Gründe sprechen für diese drei Grundbedingungen.

Die **Gesundheit** des zu verarbeitenden Rohproduktes ist für den Geschmack und den Geruch eines Brandes entscheidend. Bei kranken oder faulen Früchten werden schon vor der Verarbeitung Keime und Krankheitserreger in die Maische eingebracht. Oftmals konnte bei sensorischen Kontrollen festgestellt werden, dass das Getränk schon vor der Vergärung teilweise verdorben war. Stark erkranktes Obst kann auch einen hohen Anteil an Mykotoxinen im fertigen Brand ergeben. Diese sind bei längerer Einnahme für den menschlichen Körper stark gesundheitsschädigend. Deshalb sollten verschorfte Früchte nur in beschränktem Maße Verwendung finden. Um kein gesundheitsschädigendes Produkt zu erhalten, ist es auch wichtig keine angeschlagenen und beschädigten Früchte zu verwenden. Nur bei sehr schneller Weiterverarbeitung können frisch beschädigte Früchte verwendet werden. Sollten die Früchte bereits längere Zeit angeschlagen sein, kommt es zur Bildung von Oxidationsaromen und teilweise zu einer starken Durchsetzung mit für die Gärung negativen Bakterien. Diese vermehren sich dann in der Maische und ergeben oftmals einen nicht typischen Brand. Am einfachsten kann man dies selbst mit einem frisch durchgeschnittenen Apfel und dem Verkosten nach zehn Minuten Wartezeit testen. Diese Aromen sind dann natürlich auch im fertigen Brand wiederzufinden.

Die **Sauberkeit** sollte als unbedingte Grundlage für ein bäuerliches Produkt anzusehen sein. Maische und andere Obstverarbeitungsprodukte zählen zu den Lebensmitteln, damit finden auch die gesetzlichen Bestimmungen für Lebensmittel Anwendung. Wer unsaubere Rohware verarbeitet, wird niemals ein wirkliches Qualitätsprodukt erzielen können. Früchte, die vom Boden aufgelesen wurden, müssen vor der weiteren Verarbeitung unbedingt mit frischem Trinkwasser gereinigt werden. Dieser Arbeitsschritt kann teilweise durch eine Ernte mit Schüttelgeräten und Planen entfallen. Grundsätzlich sollte kein Obst mit dem Boden in Berührung kommen. Bei der Verwendung von Knollenfrüchten und Wurzeln ist vor dem Einmaischen unbedingt eine entsprechende Reinigung notwendig, um Erdbakterien, die eine Fehlgärung verursachen können, auszuschalten.

Die **Reife** der Rohware sollte einerseits aus ausbeutetechnischen und andererseits aus geschmacklichen Gründen für den Edelbrenner von Bedeutung sein. Unreife und unterentwickelte Früchte geben zu wenig Aroma in die Maische und in den fertigen Brand ab. Gleichzeitig wirken Brände aus unreifer Rohware durch den geringen Zuckergehalt leer und wässrig und im Aroma oftmals verhalten. Die Reife spielt allerdings nicht nur im unteren Bereich eine Rolle, sondern auch in der Überreife. Früchte, die zu spät geerntet wurden, weisen in der Regel eine deutlich niedrigere Ausbeute auf als Früchte, die zum richtigen Zeitpunkt geerntet und verarbeitet wurden. Daneben führen viele Aromen zu einem eher breiten und derben Brand, der oftmals wenig typisch ist. Als Beispiel sei hier nur der Geschmack einer „staubigen Garage" erwähnt, der häufig bei Hauszwetschken auftritt, die zu spät geerntet wurden. Gleichzeitig erkennt der geübte Verkoster immer wieder ölige, teilweise sogar an Terpentin erinnernde Aromakomponenten. Solche „staubigen Garagen-Aromen", die mit dem „Duft" verglichen werden können, der beim Auskehren einer Garage auftritt, sind selbstverständlich nicht erwünscht und können durch Ernte zum richtigen Reifezeitpunkt verhindert werden. Bei eigenen Versuchen konnten immer wieder Ausbeuteminderungen durch überreife oder nicht reife Früchte festgestellt werden. Vereinzelt geht dies sogar bis etwa 30 % der Gesamtausbeute.

Basis für besten Brand
Die besten Erfolge werden mit frischem, vollreifem und direkt geerntetem Obst erzielt, das nicht lange nachgelagert wurde und daher keine Aromaverluste aufweist.

Rohstoffe und der dazugehörige Brand

Als Ausgangsmaterial für die Herstellung qualitativ hochwertiger Brände kommen grundsätzlich alle zuckerhaltigen und gärfähigen Stoffe in Frage, insbesondere heimische Früchte, Gemüse- und

Getreidearten. Gemüsearten dürfen in Österreich nur von Verschlussbrennern destilliert werden. Bei der Herstellung von Destillaten aus mehligen Stoffen gelten unterschiedliche regionale Voraussetzungen von gesetzlicher Seite. In den folgenden Abschnitten werden nun die einzelnen Rohstoffe näher erläutert. Egal, welcher dieser Rohstoffe nun verwendet wird, um ein qualitativ hochwertiges Produkt zu erzielen – es ist notwendig, dass das Rohmaterial gewissen Anforderungen entspricht. Grundsätzlich gilt: Je besser das Ausgangsmaterial, desto besser das Produkt.

Für die Brandherstellung sind vor allem die „inneren Werte" des Rohmateriales entscheidend. Diese bestimmen über Ausbeute und Aroma des Destillates. Besonders wichtig sind:
– hoher Zucker- oder Stärkegehalt
– ein ausgeprägtes, typisches Aroma
– sauberes und gesundes Material

Sortentypischer Brand
Alle Obstarten, die intensiv riechen und schmecken, ergeben fruchtige und leicht zu erkennende Brände.

Kernobst

Kernobst zählt sicherlich zu den schon am längsten destillierten Obstarten, da Kernobst gut verfügbar war. Die Obstarten Apfel und Birne machen heute immer noch den größten Anteil bei Brandbewertungen aus. Spezielle Sorten und ihre Geschmacksrichtungen führen zu typischen Bränden.

Äpfel

Vornehmlich gelangen Ausschuss-Tafeläpfel und Früchte aus Streuobstanlagen zur Verarbeitung. Dabei ist allerdings zu beachten, dass ein Apfelbrand nicht, wie bisher in einigen Regionen, immer noch fälschlicherweise als Obstler, sondern als eigenständiges Produkt in Verkehr gesetzt werden sollte. Der Markt wünscht derzeit besonders sortenreine Produkte. Spezialitäten aus Regionalsorten werden vom Kunden sehr gerne gekauft und als Besonderheit geschätzt. Für die Produktion eines sortenreinen Apfelbrandes sind beinahe alle Sorten sehr gut geeignet, da jede Sorte ihr für sich typisches Aroma aufweisen kann. Besonders typische Destillate ergeben die meisten Frühsorten wegen ihrer höheren Aromaintensität. Viele Herbst- und Wintersorten führen ebenfalls zu typischen Bränden, wobei dumpf schmeckende Sorten ebensolche Brände ergeben. Äpfel sollten für die Branderzeugung gut entwickelt und ausgereift sein, das heißt, nicht zu früh geerntet werden. Pflückreife Ware ist für eine Edelbrandherstellung nur bedingt geeignet. Zur Herstellung qualitativ hochwertiger Brände sollte die Ware baumreif werden können. Wird Fallobst verarbeitet, so sollte es nicht zu lange im Gras liegen, denn das führt zu Bakterienverseuchung und fehlerhaften Bränden. Eine genaue Reinigung vor dem Brennen ist anzuraten.
Bei der Verarbeitung von Äpfeln zu sortenreinen Destillaten ist darauf zu achten, dass die Äpfel verschiedene Säuregehalte aufweisen und es dadurch notwendig ist, die Maischen unterschiedlich aufzusäuern (siehe Kapitel „Behandlung der Maische vor der Gärung"). Ganz besonders wichtig ist dies bei Frühsorten und gelagerter Ware, da deren pH-Wert beträchtlich über dem gewünschten Wert liegt.

Apfelbrände sind durch einen fruchtigen Ton und deutliche Geschmacksstoffe am Gaumen charakterisiert. Zitrustöne und teilweise etwas dumpfe Noten herrschen bei älteren und einzelnen Regionalsorten vor. Neue Sorten haben meist einen sehr apfeltypischen, hellen Geschmack und sind manchmal nicht so intensiv wie ältere Sorten. Apfelsorten, die sich besonders für die Herstellung von Bränden eignen, sind Golden Delicious, alle Vertreter der Cox-Gruppe, Renetten, Gravensteiner und die meisten Regionalsorten. Von den neuen Sorten ergeben Topaz, Braeburn und Gala sehr aromatische Brände. Als Besonderheit unter den Apfelbränden kann McIntosh mit seinem pilzig-aromatischen Charakter genannt werden.

Der Apfel – die häufigste Frucht für Brände

Birnen

Die Verarbeitung von Birnen erfolgt im Anschluss an eine Nachreifung, da am Baum gereifte Birnen nicht das volle Aroma aufweisen, das nachgereifte Birnen enthalten können. Die Nachreifung dauert je nach Birnensorte zwischen drei und zehn Tagen, wobei darauf zu achten ist, dass die Birnen nicht zu weich und somit überreif werden. Nur bei Mostbirnensorten, bei denen es nicht zu verhindern ist, kann ein weiches und braunes Areal rund um das Kerngehäuse vor der Verarbeitung geduldet werden. Besonderer Wertschätzung erfreut sich die Birnensorte Williams Christ. Obgleich ihr Zuckergehalt nicht besonders hoch ist, kann ihr typisches Aroma als das bekannteste unter den Obstbränden bezeichnet werden. Im Allgemeinen sind auch hier wieder alle Birnensorten sehr gut zur Branntweinbereitung geeignet, mit Ausnahme einiger alter Mostbirnensorten, die ein zu herbes Aroma ergeben, das vom Konsumenten nicht geschätzt wird. Unter den Mostbirnensorten ergeben die Weinbirnen, Hirschbirnen und Subirnen besonders feine Brände. Einzelne Tafelbirnensorten, wie Alexander Lucas oder Gute Luise, erinnern als Brand an sehr intensive Apfeldestillate und sind aus diesem Grund nur bedingt geeignet. Bei der Verarbeitung von Birnen kann es besonders bei Mostbirnen und unreifen Erwerbssorten zu Gärstockungen durch den hohen Gerbstoffgehalt kommen, was dann vielfach mit einer Mannitgärung einhergeht.

Bei **Birnenbränden** reichen die Geschmacksrichtungen von intensiv dörrbirnenartig bei alten Mostsorten bis zu hellfruchtig mit parfümierter Note, wie zum Beispiel bei Dr. Guyot. Jede Sorte ergibt typische und charaktervolle Brände. Einzelne Mostbirnensorten weisen fremdartig riechende Ester und Aromen auf, die im fertigen Brand oft als Fehlgeruch und -geschmack interpretiert werden. Hier sollte die Verwendung als Brennfrucht überlegt werden. Als Mostsorten, die besonders für die Verwertung geeignet sind, können Hirschbirne, Subirne und Weinbirne genannt werden. Williams, Dr. Guyot und Gute Luise sind die klassischen Vertreter der modernen Intensivsorten.

Quitten

Quitten sind sehr aromatische Früchte, die wegen ihres herb-adstringierenden Geschmacks und ihrer harten Fruchtfleischkonsistenz zum Frischverzehr meist ungeeignet sind. Bei Quitten wird wegen der Form der Früchte zwischen Apfel- und Birnenquitten unterschieden. Für die Verarbeitung sind beide gleich gut geeignet, wobei Apfelquitten teilweise etwas dumpfer, aber aromareicher sind und Birnenquitten eher das typische Quittenaroma aufweisen. Die Destillate aus diesen Früchten sind sehr aromaintensiv. Bei der Verarbeitung ergeben sich aber durch die trockene Konsistenz immer wieder Probleme, die durch eine leichte Wassergabe zu verringern sind. Auch eine Verwendung von pektinspaltenden Enzymen hat gute Ergebnisse mit einer deutlichen Verflüssigung gebracht. Wichtig ist dann jedoch ein Abdestillieren sofort nach Gärende, um einen zu hohen Methanolwert im fertigen Destillat zu verhindern. Quitten sind unbedingt bei idealen Gärungsbedingungen zu vergären, denn sonst kommt es zu Gärstockungen und die Maische wird von den Enzymen nicht oder nur unvollständig aufgeschlossen, was zu verringerten Ausbeuten führt.

Brände aus Quitten sind zumeist durch intensive Aromakomponenten, die an Kräuter und Zitrone erinnern, gekennzeichnet. Der intensive Geruch und Geschmack kann sich bei Einfluss von UV-Licht sehr leicht abbauen, was eine dunkle Lagerung erfordert. Als gute Brennsorten haben sich Mammuth, Champion, Rondo und einige Apfelquitten mit kleinen Früchten erwiesen. Zumeist ist der Zitronenduft bei Vertretern der Birnenquitten aber intensiver.

Quittenmaische

Quittenmaischen sind in der Regel nur sehr schwer pumpfähig, deshalb empfiehlt sich der Einsatz eines pektinspaltenden Enzyms.

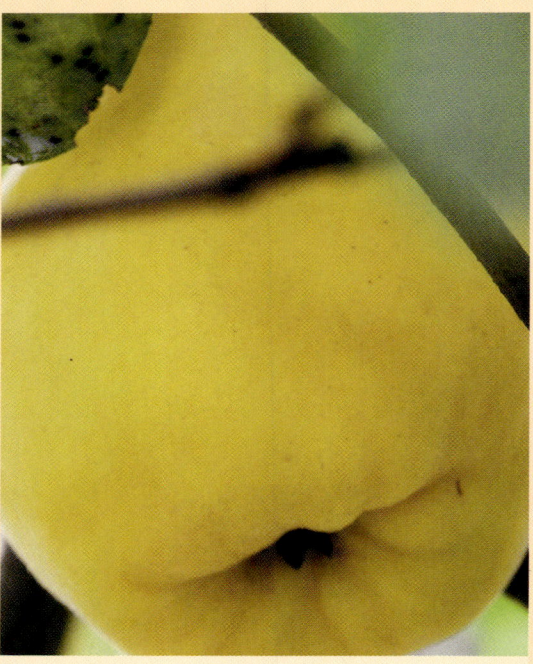
Besonders aromatisch – die Quitte

Mispeln

Mispeln sind eine teilweise weit verbreitete Kernobstart, die üblicherweise wegen ihres hohen Anteils an Vitamin C als Herbstfrucht angebaut wird. Die Früchte sind erst nach dem Einwirken von Frost genussreif. Das heißt, sie werden innen braun, teigig und erinnern im Geschmack an eingeweichte, trockene Birnen. Die Früchte werden eingemaischt, sobald sie weich sind. Trotz des hohen Wasseranteils der Früchte ist eine Wässerung der Maische mit etwa 10 bis 15 % zu empfehlen. Bei höheren Stärkeanteilen ist unbedingt ein Einsatz von stärkespaltenden Enzymen notwendig. Die Vergärung erfolgt in der Regel eher langsam, was manchmal zu Schimmelbildung an der Oberfläche führen kann. Dieser ist durch spezielles Ansäuern zu verhindern.

Brände aus Mispeln sind meist etwas verhalten und erinnern oftmals an Dörrbirnen. Auch Noten, wie sie im gerösteten Kaffee vorkommen, können mit geschulter Nase festgestellt werden. Junge Mispelbrände schmecken sehr häufig auch nach Apfel und Birne. In weiten Bereichen zählen Brände aus Mispeln allerdings nach wie vor zu den Liebhabereien.

Die Mispel – eine Rarität

Speierling

Die Früchte des Speierlings eignen sich sehr gut zur Herstellung von Bränden. Die Früchte sind sehr gerbstoffreich, was eine Wässerung vor der Gärung erfordert, da sonst die Gärdauer zu lange bemessen wird oder es in Einzelfällen zu gar keiner Aktivität der Hefe kommt. Produkte aus dieser seltenen Frucht haben eine Vielzahl an Liebhabern. Durch die Seltenheit des Brandes sind Liebhaberpreise keine Rarität.

Den **Speierlingbrand** kennzeichnet ein zartfruchtiges Aroma, das verhalten an Vogelbeere erinnert. Weiche Fruchtkomponenten wechseln mit einer herben Intensität von Bittermandel und Schokolade. Einzelne Brände lassen auch herb-adstringierende Noten am Gaumen erkennen.

Ebereschen (Vogelbeeren)

Ebereschendestillate werden aus den Früchten der Wildform und aus den Früchten der süßen mährischen Eberesche hergestellt. Diese klassische Brennfrucht wird in vielen Gebieten Europas hergestellt. Vogelbeerbrände erfreuen sich besonders in gebirgigen Regionen großer Beliebtheit und lassen sich auch dementsprechend leicht vermarkten. Ebereschenfrüchte stellen in der Verarbeitung eine sehr schwierige Frucht dar, da die Beeren von Natur aus nur sehr wenig Wasser und den natürlichen Konservierungsstoff Sorbinsäure enthalten. Sorbinsäure verhindert das Wachstum von Pilzen, was sich natürlich auf das Hefewachstum negativ auswirkt. Ebereschenmaischen sind deshalb unbedingt zu wässern, und es ist notwendig, der Hefe optimale Bedingungen zu bieten. Werden Kulturebereschen verarbeitet, so sind gute Ausbeuten zu erzielen, aber das Aroma des Brandes wird gesenkt. Dies ist durch eine Mitverarbeitung von ungefähr 10 % bis 20 % Wildbeeren zu verhindern.

Ebereschen- oder Vogelbeerbrände werden in zwei Gruppen unterteilt: Feinfruchtige Brände werden aus Früchten gewonnen, die noch nicht gefroren waren und somit sehr zart lieblich und nach leichten Marzipantönen schmecken. Herbwürzige Vogelbeerbrände, die nach traditionellen Verfahren hergestellt wurden, schmecken nach Bittermandel und stark gerbenden Stoffen. Beide Geschmacksrichtungen finden ihre Liebhaber. In klassischen Vogelbeergegenden werden aber nur „traditionelle" Brände produziert und verkauft.

len Elsbeerbrände zu den teuersten der Welt. In der Verarbeitung stellen die Früchte keine Schwierigkeit dar. Nach der Zerkleinerung, einer etwa zehnprozentigen Wässerung und dem Ansäuern erfolgt wie bei allen anderen Obstarten die Gärung. Wichtig ist, dass die Maische sofort in die abgehende Gärung destilliert wird, damit es zu keinem Verderb kommt.

Der **Elsbeerbrand – oder Adlitzbeerbrand**, wie er auch noch genannt wird – weist ein deutlich kerniges Geschmacksbild auf. Vereinzelt ist ein hoher Anteil an Benzaldehyd bemerkbar. Die nussigen Komponenten rühren vom herben, würzigen Fruchtfleisch her. Der Geschmack erinnert manchmal an Dörrbirnen mit einem leicht bitteren Abgang.

Steinobst

Zu Steinobst zählen eine Vielzahl an Obstarten und -sorten. Beinahe jede Art bringt ein typisches und intensives Aroma mit klarem Fruchtcharakter. Daher ist diese Gruppe für die Brandproduzenten besonders interessant. Auch klassische Brände wie Zwetschke und Marille (Aprikose) sichern vielen Brennern gute Vermarktungsschienen.

Die Eberesche – eine Liebhaberfrucht

Kirschen und Weichseln (Sauerkirschen)

In diesem Abschnitt soll nicht zwischen Kirschen und Weichseln unterschieden werden, da die Verarbeitung fast ident ist. Je nach Region werden unterschiedliche Schwerpunkte in dieser Obstart gesetzt. Gesamt gesehen sind sicherlich Kirschen

Elsbeeren

Die Elsbeere gilt unter Kennern als der eigentliche Star der Brennfrüchte. Durch die nur geringen Erträge und die Beschwerlichkeit der Ernte, die noch dazu nicht jedes Jahr stattfinden kann, zäh-

die bei weitem am häufigsten destillierte Frucht dieser Gruppe. Einzelne Regionen, wie die Schweiz und der Schwarzwald, haben hier eine Vorreiterrolle eingenommen. Zur Verarbeitung sollten Sorten mit eher kleinen Früchten herangezogen werden, da diese aromaintensiver und zumeist auch im Zuckergehalt höher sind. Dunkle Sorten führen zu geschmacklich deutlicheren Bränden. Die Früchte sollten frei von Fäulnis, Stielen und Blättern sein, da diese zu einem grasigen Ton im fertigen Brand führen. Kirschen sollten sofort nach der Ernte verarbeitet werden, da die Stielwunde oftmals in kürzester Zeit von Essigbakterien besetzt wird, die sich in der fertigen Maische schnell weitervermehren und dadurch zu fehlerhaften Bränden führen können. Kirschen und Weichseln enthalten in der Regel einen hohen Anteil an nicht vergärbarem Sorbit, der einen noch zu vergärenden Zucker vortäuschen kann, was unerfahrene Brenner zu einer zu langen Standzeit der Maische verleiten kann. Kirschen und Weichseln werden gewöhnlich mit Stein verarbeitet, wobei darauf zu achten ist, dass beim Zerkleinern oder Quetschen möglichst keine Steine zerstört werden, um einen Bittermandelton im fertigen Brand zu verhindern. Vollentsteinte Brände sind allerdings fruchtintensiver und typischer im Geschmack als jene, bei denen die Steine mitgebrannt wurden. Dem Brand fehlt dann aber teilweise der Körper, der durch das Benzaldehyd erreicht wird. Einzelne Verkoster meinen, dass der Brand dann nicht wirklich typisch ist. Eine Abtrennung des Steins vor der Destillation sollte durchgeführt werden, wenn kein Katalysator das entstehende Ethylcarbamat binden kann. Die Steinabtrennung erfolgt zumeist über Siebe oder Passieranlagen. Viele Sorten haben sich als geeignet erwiesen. Besonders Schüttler, Lauerzer und Basler Langstieler ergeben typische und charakterintensive Brände. Bei den Sauerkirschen kann Schattenmorelle empfohlen werden.

Brände aus Kirschen und Weichseln sind durch sehr fruchtige Aromen und einen leichten, etwas bitteren Steingeschmack charakterisiert. Leichte Schokoladearomen im Abgang und vereinzelt breite, etwas kratzende Stoffe, die im hinteren Gaumenbereich erkennbar sind, verleihen vielen Sorten den typischen Kirschton. Brände aus Schattenmorelle spezifiziert das typische Weichselaroma, das von Süßigkeiten her bekannt ist.

Kirschen entstielen
Entstielte Kirschen bringen fruchtigere Brände als nicht entstielte. Auch die Steine sollen unbedingt vor der Destillation entfernt werden.

Die Kirschen – Brände mit Schokoladenaroma

Zwetschken und Pflaumen

Zwetschkendestillate zählen durch den Slibowitz, der jahrelang zu billigen Preisen Europa überschwemmt hat, wohl zu den bekanntesten Bränden überhaupt. Der Zuckergehalt beträgt zwischen 6 und 20 %, je nach Zwetschkensorte. Zwetschken und Pflaumen sollten entgegen der landläufigen Meinung ebenfalls nicht über die Vollreife hinaus am Baum hängen bleiben, sondern bereits zur Vollreife verarbeitet werden. Dies ergibt feine, dezente Brände und nicht diese vulgär wuchtigen Zwetschkenbrände, wie sie von vielen Betrieben immer wieder angeboten werden. Der Steinanteil bei Zwetschken und Pflaumen beträgt durchschnittlich 6 %, wobei bei der Verarbeitung darauf zu achten ist, keine Steine zu zerschlagen, um den Anteil an Benzaldehyd und daraus resultierender Blausäure im fertigen Brand so gering als möglich zu halten. Hier besteht wieder die Möglichkeit, die Steine vor dem Brennen abzutrennen. Pflaumen ergeben meist eigene typische Brände, die durch einen fruchtigeren Ton als Zwetschkenbrände gekennzeichnet sind. Bei den Pflaumen ist der Zuckergehalt allerdings bedeutend geringer als bei Zwetschken, was sich in der Ausbeute bemerkbar macht. In Österreich spielen Pflaumenbrände eine untergeordnete Rolle, da ihr Aroma neben Zwetschkenbränden als dumpfer und weniger fruchtig zu bewerten ist.

Zwetschken- und Pflaumenbrände sind eine aromatisch sehr vielschichtige Gruppe – von zartfruchtig bis blumig breit, mit teilweise intensivem Steingeschmack. Speziell Hauszwetschke ergibt typische Brände. Aber auch neuere Sorten wie Hanita, Top und Cacaks Schöne ergeben feinaromatische Brände mit deutlich intensivem Fruchtcharakter. Pflaumen zeichnen sich durch sehr zarte, aber doch intensiv schmeckende Destillate aus, die am Gaumen lang anhaltend sind. Vor allem Sorten im Hausgarten, die wirklich vollreif sind, führen zu klaren und aromatischen Ergebnissen.

Die Zwetschke – bekannteste Brandfrucht

Mirabellen, Ringlotten (Renekloden) und Kriecherl

Mirabellen, Ringlotten und Kriecherl sind zur Brandherstellung besonders gut geeignet, da sie sehr fruchtige, deutlich erkennbare Brände ergeben. Durch die Kleinheit der Früchte und den relativ hohen Zuckergehalt ergibt sich eine gute Ausbeute an Aroma und Alkohol, was auch die Produktion von Mirabellenbränden wirtschaftlich sinnvoll macht. Die Vielfalt der dazu zählenden Früchte mit all den regionalen Bezeichnungen ergibt ebenso viele verschiedene Brände mit unterschiedlichsten Aromen. Spezielle Züchtungen und Selektionen sind oftmals sehr typisch und aromatisch. Auch gebietsgeschützte Bezeichnungen, wie „steirisches Kriecherl", ermöglichen gute Vermarktungschancen mit dieser Obstart. Die Destillation erfolgt nach dem Entsteinen der Maische, um den Anteil an Benzaldehyd im fertigen Destillat so gering als möglich zu halten.

Der **Brand aus Mirabellen, Ringlotten (Renekloden) und Kriecherl** ergibt so gut wie immer deutlich riechende und schmeckende Ergebnisse. Je nach Region werden vor allem regional vorkommende Mitglieder dieser großen Gruppe zu feinschmeckenden Destillaten gebrannt. Mirabellenbrände sind jedoch eher blumig, würzig und intensiv. Brände aus Ringlotten eher duftig, neutral, mit einem lieblichen Abgang. Der Kriecherlbrand hat immer die Note von wilder Pflaume in sich, die sich etwas dumpf, mit zarter Zwetschkenaromatik und einem leicht bitteren Abgang äußert.

Ernte kleiner Früchte

Kleinfruchtige Obstarten können sehr gut auf Planen oder Folien am Boden geschüttelt werden. Damit lässt sich die Erntemenge je Stunde stark erhöhen, das Obst bleibt darüber hinaus sauber.

Pfirsiche

Pfirsiche werden beinahe in allen Regionen zu Bränden verarbeitet, obwohl der Pfirsich nicht als klassische Brennfrucht gilt. Dies ergibt sich durch den zumeist recht guten Markt für diese Früchte und das eher verhaltene Aroma des Brandes. Für Pfirsichbrände ist es notwendig, nur vollreife Früchte zu verarbeiten, da die Destillate sonst nicht arttypisch werden. Auch bei der Verarbeitung von angehagelter Ware sollte man versuchen, die Ware möglichst vollreif werden zu lassen, da das typische Pfirsicharoma bei unreifer Ware nicht auftritt und der Brand nur grasig bis seifig schmeckt. Pfirsiche werden entweder entsteint oder mit Stein verarbeitet, wobei vor dem Brennen die Steine unbedingt abzutrennen sind, da der Pfirsichstein sehr hohe Mengen an Amygdalin freisetzt, was bei allen Bränden zu einem Bittermandelton führt. Hier empfiehlt sich vor allem bei Früchten mit sehr großem Stein ein Entsteinen vor dem Einmaischen, da die Auslaugung über die Steinoberfläche mit den Fruchtfleischfasern erfolgt. Geerntete Pfirsiche müssen sehr schnell verarbeitet werden, da bei einer längeren Lagerung Verderb auftritt und diese Brände dann nicht mehr sauber sind. Aufgrund des hohen pH-Wertes von Pfirsichen zählen diese Maischen zu den leichtverderblichen, was unbedingt eine Ansäuerung erfordert. Die besten Ergebnisse brachten Verkostungen von Bränden, bei denen die Maischen genau auf den pH-Wert von 3,3 eingestellt waren. Bei den Pfirsichen ergeben weißfleischige und gelbfleischige leicht unterschiedliche Brände, wobei das Konsumentenverhalten gegenüber der einen oder anderen Art noch nicht feststeht.

Der **Pfirsichbrände** sind für viele Produzenten, aber auch Konsumenten Neuland. Erst nach einer entsprechenden Reifezeit des jungen Destillates verschwindet der seifige Ton, der viele direkt nach dem Brennen abschreckt. Dann bildet sich ein zarter Duft nach Rosen und Mandelblüte aus, der sich am Gaumen zu einem intensiven Geschmack nach

Pfirsich erweitert. Spezielle regionale Sorten und Initiativen bringen immer vielschichtigere und interessante Produkte hervor. Vor allem Versuche mit Weinbergpfirsichen zeigen typische und hervorragend schmeckende Ergebnisse.

Marillen (Aprikosen)

Marillen sind in Österreich ein wichtiger Brennereirohstoff. Besonders in der Wachau und im Burgenland, den Marillenhauptanbaugebieten, ist dieses Destillat sehr häufig zu finden. Bei Marillen ist es wichtig, möglichst keine Schattenfrüchte zu verarbeiten, da nur besonnte Früchte ein wirklich gutes und intensives Aroma aufweisen, was sich natürlich auch auf den Zuckergehalt auswirkt. Marillen sollten nicht, wie vielfach praktiziert, in überreifem Zustand verarbeitet werden, sondern ebenfalls in der Vollreife, was zu fruchtigen, nicht so breiten Bränden führt. Unreife Früchte sind auf jeden Fall zu vermeiden, da diese so gut wie keine Aromaverbindungen in den fertigen Brand bringen. Weiche Marillen, die teilweise schon braun werden, sind zwar die Hauptbrennware, ergeben allerdings keine eleganten Brände. Der Reifegrad ist von Betrieb zu Betrieb verschieden, da Brände von dezent bis wuchtig vom Konsumenten angenommen werden. Marillen weisen in der Regel einen Zuckergehalt um 8 % auf, wobei der Hauptanteil Saccharose ist. Glucose und Fructose sind nur in geringem Maße vorhanden. Marillen haben von Natur aus einen eher hohen pH-Wert, was eine Aufsäuerung unbedingt notwendig macht. Die Steine, die bei Marillen geschlossen sind, können mitgebrannt werden. Dies ist allerdings davon abhängig, wie viele zerstört wurden und ob ein leichter Bittermandelton erwünscht ist. In den meisten Fällen werden bei Qualitätsbränden die Steine vor der Destillation entfernt.

Die **Marille** zählt zu den klassischen Brennfrüchten, so dass der Geruch und Geschmack dieses Brandes sehr gut bekannt ist. Leider haben künstlich aromatisierte Produkte den typischen Charakter etwas verfälscht, so dass Brände aus vollreifen Früchten oftmals als untypisch und aromaschwach angesehen werden. Der typische Brand aus reinen Früchten riecht leicht nach frischen Marillen mit einem Anflug von Rosenduft. Am Gaumen stellt sich ein liebliches, zartes Geschmacksbild ein, das an saftige, vollreife Marillen erinnert. Im Abgang kann ein leichter Steingeschmack erkennbar sein.

Schlehen

Die Schlehe, als Wildfrucht an Waldrändern und Böschungen vorkommend, ist in ihrem Aroma beim Brennen einzigartig. Der Duft des fertigen Brandes nach Wald und Zwetschken, in Harmonie mit Bittermandel macht die Ernte dieser dornigen Früchte nur halb so schwer. Die Verarbeitung ist hier schon deutlich komplexer. Durch den hohen Gerbstoffgehalt der unreifen Früchte ist ein Gefrieren der Früchte vor der Verarbeitung notwendig. Dies kann entweder direkt auf den Sträuchern erfolgen oder durch Einfrieren der blauen Früchte im Kühlraum mit anschließendem Auftauen. Danach erfolgt die Zerkleinerung zu Maische, ein Wässern von etwa 10 %, um den Gerbstoffgehalt soweit zu senken, dass die Maische problemlos gärt, und schließlich die Vergärung. Wichtig ist auch eine entsprechende Enzymierung der Maische zur Verflüssigung und Freisetzung der Aromen. Die Destillation kann einige Zeit nach Gärende vorgenommen werden.

Brände aus Schlehen sind zumeist fruchtig intensiv mit starkem Steinaroma, was auf den hohen Anteil an Stein in der Maische zurückzuführen ist. Entsteinte Maischen ergeben eher zwetschkenartige Destillate ohne typische Frucht. Der Brand ist aromatisch würzig mit feinfruchtigen Honignoten. Nach zwei bis drei Jahren Lagerung erreicht der Brand seinen Höhepunkt und ist optimal gereift.

Kornelkirschen

Die Kornelkirsche, die besonders auf steinigen, eher trockenen Böden vorkommt, ist als Zierpflanze mit ihrer zarten gelben Blüte und den aromatischen Früchten im Hausgarten sehr beliebt. Sträucher, die im Ertrag stehen, bringen eine für das Brennen geeignete Menge an Früchten. Hier ist der optimale Reifezeitpunkt bei intensiver Rötung und einem Saftaustritt beim Zusammendrücken erreicht. Die Früchte werden dann zumeist geschüttelt und schnell verarbeitet. Eine Ansäuerung ist hier dringend zu empfehlen, damit die Vergärung auch wirklich rein vor sich geht. Spezielle Sorten führten bei bisherigen Versuchen zu keinen geschmacklich unterschiedlichen Produkten.

Der **Kornelkirschenbrand** ist durch ein zartes Geruchsbild mit leicht würzigem Abgang und einem Geschmack nach frischen Nüssen leicht erkennbar und erinnert sehr an die frische Frucht. Der Geruch ist aromatisch, intensiv, ohne jedoch aufdringlich zu sein. Liebhaber derartiger Brände erfreuen sich auch am langanhaltenden Nachgeschmack. Durch die geringe Ausbeute und der teilweise doch recht teuren Rohware ist der Brand aus Kornelkirschen generell im höheren Preissegment angesiedelt.

Traubenkirschen

Die Traubenkirsche, als Baum an Bächen und Flussbetten zu finden, ist eine Wildfrucht, die in langen Dolden mit kleinen schwarzen Früchten reift. Die Früchte bestehen hauptsächlich aus Schale und einem Stein mit nur geringem Fruchtfleischanteil. Die Ernte ist durch die großen Bäume meist etwas erschwert. Die Kirschen werden direkt nach der Ernte gerebelt, zerkleinert und anschließend mit intensiver Ansäuerung vergoren. Durch den geringen Wassergehalt der Kirschen ist eine Wässerung mit etwa 20 % Wasserzusatz zu empfehlen. Damit kann auch der bittere Geschmack, der im fertigen Brand mitunter sehr intensiv ist, etwas vermindert werden. Die Gärung geht zumeist sehr zügig vor sich, was ein schnelles Abbrennen bedingt. Die Maische ist nur eingeschränkt lagerfähig, weil eine längere Lagerung den Geschmack durch die Bitterstoffe sehr stark beeinflusst.

Brände aus Traubenkirschen sind durch einen sehr intensiven Duft und Geschmack nach Bittermandel charakterisiert. Eine säuerliche Würze mit derb-bitteren Geschmackskomponenten macht das Produkt unverkennbar. Liebhaber von Marzipan und dem Geschmack nach Bittermandel finden hier ein Produkt mit typischem Charakter.

Beerenobst

Beinahe alle Beerenobstarten sind im Geschmack sehr typisch und ergeben auch dementsprechend deutliche Brände. Durch die Vielfalt der Sorten und Arten ergibt sich hier für den Spezialisten unter den Brandproduzenten ein sehr großes Betätigungsfeld. Allerdings besteht hier die Schwierigkeit, dass die Rohware oftmals teurer ist und somit Fehler nicht passieren dürfen. Daher ist Sauberkeit das oberste Gebot für Beerenbrände. Hinzu kommt, dass Beerenmaischen schon von Natur aus nicht so robust sind wie Kernobstmaischen. Das kann durch den Gehalt an beereneigenen Fruchtsäuren erklärt werden, die die Bakterien leichter angreifen als Äpfel- und Zitronensäure, wie sie im Kernobst hauptsächlich vorkommen. Zu beachten ist auch der oftmals hohe Pektinanteil der Früchte, der bei Einsatz von pektinspaltenden Enzymen zu einem sehr hohen Methanolgehalt führen kann. Aus diesem Grund ist es notwendig, dass Beerenmaischen in die abgehende Gärung destilliert werden. Bei weichen und nicht so pektinreichen Früchten sollte auf die Verwendung von pektinspaltenden Enzymen verzichtet werden.

Behältern schon große „Geldmengen" gären und dadurch jeglicher Verderb von vornherein ausgeschlossen werden muss. Himbeermaischen sind sofort nach der Gärung zu brennen, da die Maische nicht lagerfähig ist und eine zu lange Lagerung starke Aromabeeinträchtigungen mit sich bringen würden.

Bei **Bränden aus Himbeere** ist immer ein deutlicher Fruchtcharakter mit leichten Zitrustönen bemerkbar. Am häufigsten tritt dies beim Waldhimbeerbrand auf. Sein Geschmack ist intensiv typisch mit stark anhaltendem Aroma am Gaumen. Produkte, die zu langsam oder bei zu hohen Temperaturen erzeugt wurden, schmecken oftmals leer und weisen den Ton der Steinchen auf. Optimal destillierte Brände sind würzig, aromatisch und leicht zu erkennen. Das Aroma von Himbeerbränden oxidiert in der offenen Flasche, was eine Abfüllung in kleine Gebinde notwendig macht. Hier ist es auch wichtig, dass die Lagerbehälter nicht halbvoll sind.

Himbeeren

Himbeeren werden weltweit hauptsächlich in Form von Himbeergeist (das sind alkoholische Aromaauszüge) angeboten. Nur bei sehr guten Betrieben findet man vereinzelt vergorene Himbeerbrände. Bei Himbeerbränden ist es unbedingt notwendig, nur allerbeste Rohware zu verwenden, da der Brand sonst sofort durch faule oder dumpfe Früchte negativ beeinflusst wird. Zumeist werden Kulturhimbeeren verarbeitet, da die Wildformen sehr teuer sind und das Destillat nur unmerklich besser wird. Bei der Verarbeitung von Himbeeren ist ein sauberes Arbeiten vonnöten, da auch in kleinsten

Die Himbeere – Brand voll Aroma

Brombeeren

Brombeeren spielen in der Brandproduktion nur eine sehr untergeordnete Rolle. Die Destillate erreichen kein allzu typisches Beerenaroma und sind im Geschmack herb und kratzend. Dornenlose Sorten sind hierfür besser geeignet und ergeben auch typische Brände. Bei schonender Destillation ist das Aroma auch gut zu erhalten, was gute Brombeerbrände zu ausgesprochenen Spezialitäten macht. In der Verarbeitung ist auf gesundes Material und eine möglichst kühle Vergärung zu achten, da sich bei zu warmer Vergärung das Aroma sehr leicht abbaut.

Brombeerbrände sind je nach Herstellungsverfahren und Rohware sehr unterschiedlich. Am bekömmlichsten sind solche, bei denen dornenlose Früchte verarbeitet wurden. Diese sind sehr duftig, aromatisch und intensiv. Am Gaumen ist ein deutlicher Brombeergeschmack zu erkennen, der sehr lange anhaltend ist. Brombeerbrände sind sehr stabil und können dementsprechend auch einige Zeit gelagert werden.

Rote, schwarze und weiße Johannisbeeren

In letzter Zeit verarbeiten immer mehr Brenner Johannisbeeren, was mit den relativ niedrigen Preisen der Früchte und der meist intensiven Aromaausbeute im fertigen Brand zu erklären ist. Bei der Qualitätsproduktion ist eine Verarbeitung von gerebelter Rohware empfehlenswert, da die Kämme der Früchte zu einem adstringierenden Ton im fertigen Brand führen. Dies ist wiederum auf den Gerbstoffgehalt zurückzuführen. Brände, die mit Kämmen verarbeitet wurden, sind in Geruch und Geschmack nur entfernt als fruchttypisch zu erkennen, da grasige Töne überwiegen. Einzelne Produzenten setzen jedoch gerade auf diesen Ton, so dass auch solche würzigen Produkte am Markt zu finden sind. Ein entsprechender Johannisbeercharakter ist hier erst nach mehrjähriger Lagerung zu finden. Die Johannisbeere als pektinreiche Frucht führt während der Gärung zu einem sehr hohen Methanolgehalt. Dieser kann durch eine entsprechend frühe Destillation und ein frühes Abtrennen vom Nachlauf etwas vermindert werden. Keinesfalls dürfen bei der Johannisbeere die Nachläufe nochmals destilliert werden.

Johannisbeerbrände ergeben feinfruchtige Noten mit oftmals sehr typischen Geruchs- und Geschmacksrichtungen. Rote Johannisbeeren ergeben sehr feine, milde Brände, die vereinzelt an Stachelbeere erinnern. Brände aus weißen oder gelben Johannisbeeren sind wenig körperreich und verhalten. Bei aromaschwachen Produkten ist die Herkunft nicht immer selbstverständlich erkennbar. Das Destillat der schwarzen Johannisbeere ist der Klassiker, der immer sehr intensiv wird. Deutliche Aromen in Richtung schwarze Johannisbeere und grasige Noten am Gaumen sind stets leicht zu erkennen und werden vom Liebhaber geschätzt.

Schwarze Johannisbeere – Brand mit Cassisnote

Stachelbeeren

Stachelbeeren als Verwandte der Johannisbeeren werden nicht so häufig destilliert wie diese. Dies ist auf den geringen Anbau zurückzuführen. Allerdings sind die Brände aus der Frucht mit der dicken Schale sehr typisch und deutlich. Auch die Ausbeute liegt höher als bei den Johannisbeeren. Je nach Sorte können sehr geschmacksintensive und sortentypische Produkte hergestellt werden. Eine geschmackliche Unterscheidung zwischen roten und grünen Früchten erfolgt nicht. Alle bei der Johannisbeere beschriebenen Punkte zum Methanolgehalt gelten auch hier sinngemäß.

Brände der Stachelbeere sind durch Johannisbeeraromen und den zarten Geschmack der Kerne in der Frucht charakterisiert. Eine klare Aromastruktur ergibt leicht wiedererkennbare und sehr lange anhaltende Brände. Auch die Haltbarkeit der Aromen der Frucht ist entsprechend gut. Überreife Stachelbeeren führen im Brand zu einem intensiven „Mäuseln", was nicht erwünscht ist.

Holunder

Holunderbrände erlangen in vielen Regionen immer mehr Bedeutung, was auf den relativ großflächigen Anbau dieser Obstart zurückzuführen ist. Holunder wird ebenfalls in gerebelter Form verarbeitet, da die Stiele zu einem untypischen herbsäuerlichen Ton im fertigen Brand führen. Sauber verarbeitete Holunderbrände sind sehr aromaintensiv und typisch als Holunder zu erkennen. Holunder birgt in der Verarbeitung aufgrund seines hohen pH-Wertes (4,2–4,8) vielfache Probleme. Daneben führt das in den Früchten enthalte-

ne natürliche Sambunigrin (ein Konservierungsmittel) vielfach zu Gärstockungen und Gärschwierigkeiten, die nur durch Maischezugaben (siehe Kapitel Maischebehandlung) zu beheben sind. In einzelnen Regionen wird nicht der schwarze, sondern der rote Holunder zu Bränden verarbeitet, der allerdings nicht so typisch und nicht so intensiv als Holunder zu erkennen ist.

Brände aus den Früchten des schwarzen Holunders sind sehr aromatisch, intensiv und würzig. Je nach Reifegrad der Beeren und Zeitraum zwischen Einmaischen und Destillation kann die Aromastruktur von zartfruchtig bis sehr intensiv und breit mit öligem Abgang reichen. Bei Verkostungen werden Brände mit zarter Fruchtigkeit und einem typischen Geschmack am Gaumen eher bevorzugt. Bei diesen Bränden ist es auch wichtig, dass sie keinesfalls auf der Zunge brennen.

Holunderdestillation
Holundermaischen, die in die abgehende Gärung destilliert werden, führen zu feineren und typischeren Bränden. Damit kann auch der dumpfe Ton, der oftmals in der Lagerzeit entsteht, verhindert werden.

Heidelbeeren

Heidelbeerbrände zählen bei vielen Brennern zu den häufig produzierten Beerenbränden. Hier gibt es wiederum zwei Arten: jenen aus den Kultur- und jenen aus den Waldheidelbeeren, wobei Ersterer durch den geringeren Preis der Rohware auch billiger gehandelt wird. Bei der Verarbeitung ist auf einen optimalen pH-Wert der Maische zu achten. Wichtig ist auch, dass die Maische möglichst in die abgehende Gärung destilliert oder sofort nach Gärende sehr kühl gelagert wird, da sonst ein biologischer Säureabbau oder eine Bakteriengärung einsetzt. Diese beeinträchtigt den gesamten Brand sehr negativ und verursacht einen Ton, der an Pferdeschweiß erinnert.

Heidelbeerbrände variieren je nach verwendeter Art der Heidelbeeren – vom schwer-würzigen Brand aus der Waldheidelbeere zum zarten aus den Früchten der Kulturheidelbeere. Beide sind im Grundtypus eher zart, mit würzigem Abgang. Der Geruch ist oftmals schwach verhalten, mit einem angenehmen Waldduft. Typische Fruchtkomponenten sind nur bei wirklich vollreifer Rohware und einer sehr schonenden Destillation zu finden.

Erdbeeren

Das Brennen von Erdbeeren ist eine eigene Kunst. Spezialitäten mit fruchtigem Aroma sind eher die Seltenheit. Das Hauptproblem sind die Nüsschen, die sich auf den Früchten befinden. Wenn die Maische zu lange steht beziehungsweise zu viele Nüsschen zerstört werden, kommt es zu einem unangenehmen, nach Plastik riechenden Ton. Daher werden viele Maischen vor der Vergärung passiert, um alle Nüsschen abzutrennen. Besonders aromatische Sorten ergeben auch sehr feinfruchtige Brände. Das Mitdestillieren von Früchten beim Feinbrand führt zu verkochten Aromen mit Marmeladegeschmack im fertigen Brand.

Gute Brände aus Erdbeeren sind etwas sehr Aromatisches und Feinfruchtiges. Das Aroma der Früchte ist langanhaltend und intensiv. Walderdbeerbrände sind noch aromatischer. Der Brand ist sehr mild am Gaumen und weich in der Nase. Die völlige Reife ist oftmals erst nach etwa zwei Jahren Lagerung erreicht.

Maische passieren

Passierte Maischen enthalten keinen Geruch und Geschmack nach den Nüsschen und sind somit intensiver fruchtig und aromatischer. Der Gesamteindruck bei diesen Bränden ist immer besser als bei nicht passierter Maische.

Walderdbeere – mild am Gaumen, weich in der Nase

Wein und Produkte rund um die Traube

Zu den Bränden rund um die Trauben zählen einerseits klassische internationale Spirituosen wie Cognac und Grappa und auch moderne fruchtige Brände aus frischen Trauben. Liebkinder der Brennerszene sind hier meist Muskattrauben und Spielarten, die sich durch intensives Aroma auszeichnen.

Traube

Die Traube eignet sich hervorragend zur Verarbeitung zu Edelbränden. Durch die vielen verschiedenen Sorten sind unterschiedliche Geschmacksrichtungen möglich. Besonders aromatische Varianten haben ihre Liebhaber und sind vom Kunden auch als Sorte zu erkennen. Durch den hohen Anteil an Flüssigkeit sind Traubenmaischen eher leicht zu verarbeiten und brauchen nicht allzu stark behandelt zu werden. Der pH-Wert der Maische liegt gewöhnlich schon im passenden Bereich. Die frischen Trauben werden geerntet und anschließend von den Kämmen befreit. Sollten die Stiele dabei bleiben, so ist immer eine herbe Note erkennbar. Auch die Verarbeitung wird durch die Stiele etwas erschwert, da oftmals ein Verstopfen des Abflusses das Endergebnis ist. Die Vergärung ist bei einer Temperatur von etwa 16 °C durchzuführen, damit das Aroma fruchtig bleibt. Bereits kurz nach Gärende empfiehlt es sich, diese Maische zu destillieren. Pektinreiche Sorten und Direktträger sind auf jeden Fall unmittelbar nach dem Gärende zu destillieren, um Probleme mit dem Methanolgehalt im fertigen Brand zu verhindern.

Traubenbrände sind gekennzeichnet durch zarte Fruchtnoten mit Beerenaromen bis hin zu deutlich intensiven, würzigen Geschmackskomponenten. Vor allem Muskatsorten bringen sehr intensive, langanhaltende Brände. Nicht so aromaintensive Sorten, wie etwa Riesling oder Burgunder, führen zu sehr feinen und eleganten Bränden.

Trester

Trester nennt man den Rückstand beim Keltern von Wein. Die Verarbeitung von Trester zu Brand war früher nur Abfallverwertung. Erst die letzten Jahre brachten hier Fortschritte in der Beurteilung des Ausgangsmaterials und eine entsprechend saubere Verarbeitungsform. Nur frische Trester, die entsprechend luftdicht eingestoßen werden, oder Trester von roten Trauben direkt nach dem Pressen eignen sich für ein gutes Endprodukt. Bei der Verarbeitung von Trester aus weißen Trauben werden diese luftdicht in Behälter gestoßen und alle 10 Zentimeter mit einer Hefelösung übergossen, um eine reine Gärung zu gewährleisten. Direkt nach Vergärung des gesamten Zuckers werden die Trester dann mit einem hohen Wasseranteil destilliert. Moderne Betriebe haben eigene Tresterbrennereien, wo die Aromastoffe und der Alkoholgehalt mit Dampf abdestilliert werden. Grundsätzlich gilt für die Verarbeitung von Trester: Je trockener die Trester sind, desto aromaintensiver wird das fertige Destillat. Will man den intensiv-würzigen Ton unterbinden, so können die Traubenkerne noch vor dem Einmaischen entfernt werden. Aus den Traubenkernen kann dann noch das hochwertige Traubenkernöl zur Bereicherung der Produktpalette gewonnen werden.

Brände aus Traubentrester sind sehr aromaintensiv und durch einen großen Anteil an Gerbstoffen am Gaumen erkennbar. Zumeist herrscht eine intensive Würze und ein großer Fruchtanteil vor. Überlagerte Trestermaischen oder Maischen aus nicht ganz sauberem Rohmaterial führen zu sehr dumpfen, unreinen, fauligen Bränden. Tresterbrände eignen sich sehr gut zur Lagerung in Holzfässern.

Wein

Destillate aus Wein sind zumeist eher neutral und verhalten. Nur sehr aromaintensive Traubensorten ergeben würzige Brände. Der fertige Wein wird direkt nach Gärende und möglichst ungeschwefelt destilliert. Beim klassischen Weinbrand wird auch die Hefe mitdestilliert, damit der Brand etwas mehr Körper erhält. Werden ältere, geschwefelte Weine destilliert, so müssen sie entschwefelt werden. Die einfachste Art der Entschwefelung ist während der doppelten Destillation, wo während des Feinbrennens Entsäuerungskalk mitdestilliert wird.

Vorsicht bei Entsäuerungskalk
Beim Destillieren mit Entsäuerungskalk ist der Kessel sofort beim Entleeren mit frischem Wasser zu reinigen!

Bei der Kolonnendestillation kann die Entschwefelung mit H_2O_2 durchgeführt werden. Der fertige Branntwein aus Wein (noch farblos) wird dann mindestens ein halbes Jahr im Holzfass gelagert und darf erst danach als Weinbrand bezeichnet werden.

Das **farblose Destillat aus Wein** wird als **Branntwein** bezeichnet. Diese Produkte sind im Fruchtaroma zumeist etwas verhalten. Erst nach entsprechend langer Holzfasslagerung darf „Weinbrand" am Etikett stehen. Das Aroma wird dabei meist vom Holz dominiert. Nur wirklich gut gemachte und harmonische Brände können bei Verkostungen bestehen. Viele Weinbrände werden noch mit Zucker aufgebessert, um mehr Körper zu erhalten.

Hefe

Brände aus der Hefe von Wein oder Obstwein sind ein beliebtes Produkt zur Destillation. Das Ergebnis ist zumeist sehr mild und weich und durch ein sehr fruchtiges Aroma gekennzeichnet. Während der Destillation schäumen diese stark. Nach altem Hausrezept kann Fett mitdestilliert werden, um dies zu verhindern. Silikonhaltige Schaumstoppmittel erfüllen den Zweck heute aber deutlich besser, ohne eine Geschmacksbeeinflussung zu erzielen. **Hefebrände** sind sehr fein und zartaromatisch. Das Aroma ist durch Hefeöl gekennzeichnet und sehr lang anhaltend. Feine Fruchtester führen zu einem sehr typischen und angenehmen Brand. Hefebrände wirken am Gaumen immer sehr weich und erreichen somit auch jene Konsumenten, denen gewöhnliche Brände zu scharf erscheinen.

Schaumstopper bei Hefebrand
Wenn silikonhaltige Schaumentferner eingesetzt werden, kann man Hefebrände auch ohne Übergehen destillieren. Geschmacklose Lebensmittelfette erzielen den gleichen Effekt.

Stärkehältige Stoffe

Brände auf Basis von Getreide, Kartoffeln und anderen stärkehältigen Rohstoffen werden in vielen Ländern hergestellt. Bekannte Bezeichnungen und Produkte sind Korn, Whisky, Wodka oder die vielen Reisschnäpse. Das Brennen von mehligen Stoffen ist allerdings nicht in jedem Brennrecht verankert. (Siehe auch Kapitel Rechtliche Bestimmungen im Anhang.)

Kartoffeln

Das Brennen von Kartoffeln zählt wahrscheinlich zur ältesten Verarbeitung im Destillationsbereich. Die Stärke in den Knollen wird dabei zu Zucker gespalten und anschließend vergoren. Bei besonders sauberen Früchten ergibt dies einen aromatischen und typischen Brand, mit der klaren Charakteristik von Kartoffeln. Je nach Sorte sind verschiedene Geschmacksrichtungen erkennbar. Erst bei höherer Rektifizierung erfolgt die Reinigung zu einem geruchlosen Brand, wie er als Wodka verkauft wird. Versuche mit geschälten Früchten haben ein noch intensiveres Aroma im fertigen Produkt ergeben.

Brände aus Kartoffeln sind aromatisch, würzig und typisch nach Kartoffel schmeckend. Gereinigte Brände sind leer, geruchlos und schmecken nur nach Alkohol. Für den eigenen Verbrauch und zum Ansetzen eignen sich aber zweifach oder über die Kolonne destillierte Produkte.

Topinambur

Die Topinambur als Knollenfrucht ist eine altbewährte Brennwurzel. Zumeist werden dabei alte, zuckerreiche Sorten verwendet. Die sehr sauber gereinigten Knollen ergeben typische und geschmacksintensive Brände, die durch ihren erdigen Ton klar definiert werden können. Interessant sind hier aber auch einige neue Sorten, die entsprechende Zuckergehalte mit sich bringen. Einzelne

Sorten sollen dabei Alkoholausbeuten bis 9,8 Liter je 100 kg Maische ermöglichen.

Topinamburbrand ist klar, deutlich aromatisch und sehr intensiv, mit starken Wurzeltönen am Gaumen. Bei nicht richtiger Verarbeitung sind diese Brände teilweise bitter, mit einer Aromanote nach gerösteten Haselnüssen.

Getreide

Die Destillation aus Getreide (z. B. Roggen, Hafer, Weizen, Dinkel, Gerste, Mais oder Buchweizen) ist eine einfache Vorgehensweise, die jedoch nicht von allen Brennern durchgeführt werden darf. Bei Unklarheiten ist das Nachfragen bei der zuständigen Behörde anzuraten. Die Vorgehensweise ist sehr einfach, wenn die Stärke einmal aufgeschlossen ist und der Zucker in einer Form vorliegt, die ohne Schwierigkeiten vergoren werden kann. Dann kann die Maische wie Obstmaische weiterbehandelt werden. Der Aufschluss erfolgt gewöhnlich durch Erhitzen der Maische und den Einsatz von stärkespaltenden Enzymen.

Getreidebrände sind zumeist eher neutral, wobei ausgangstypische Aromen bemerkt werden. Geruchsintensive Getreidesorten führen zu intensiven Ergebnissen. Hier zeichnet sich vor allem Hafer und Roggen aus. Dinkel und Weizenarten sind oftmals vom Malzcharakter überdeckt. Bei Maisbrand ist das Aroma fast immer im Hintergrund.

Bier

Die Destillation von Bier ist recht einfach, wobei gewisse Grundanforderungen erfüllt werden müssen. Das Bier sollte aromaintensiv und vor allem frisch sein. Bei älterem Bier führt die zersetzte Hefe zu dumpfen Aromen. Dadurch, dass Bier vollständig vergoren ist, kann es direkt nach Anlieferung in der Brennerei gebrannt werden. Der Alkoholgehalt des Bieres regelt auch direkt die Ausbeute. Ein höherer Hefeanteil kann durch Silikonentschäumer bei der Destillation kompensiert werden.

Bierbrände sind typische und intensive Brände. Die Aromakomponenten ergeben sich durch die Frucht des Getreides und den Malzanteil. Oftmals sind Aromen, die an Apfel erinnern, erkennbar. Dies zeigt sich vor allem bei frischem Weizenbier.

Gemüse

Das Destillieren von Gemüse ist nicht allen Brennern gestattet. Bei einigen Betrieben, denen diese Verarbeitung gestattet ist, findet man Brände aus Karotten, Kürbis, Tomaten oder Ähnlichem. Auch Rote Rüben und Sellerie sind schon bei Verkostungen eingereicht worden. Die Verarbeitung ist wie bei Obst, allerdings weisen viele Sorten nur einen sehr geringen Stärke- oder Zuckergehalt auf. Eine Aufzuckerung der Maische ist hier ebenso wie bei Obst untersagt. Daher sind die Ausbeuten oftmals nur sehr gering. Wichtig ist bei allen Gemüsearten, die im Boden produziert werden, dass sie besonders sauber gereinigt sind. Auch auf die entsprechende Ansäuerung der Maische ist zu achten, um den biologischen Verderb auszuschließen. Die meisten Gemüsearten sind im pH-Wert deutlich höher angesiedelt als Obst.

Brände aus Gemüse zeichnen sich durch ein intensives Aroma und meist sehr typische Geschmacksbilder aus. Je nach Reinheit der Art sind klare und deutlich schmeckende Ergebnisse zu erwarten. Unsaubere Produkte sind meist so dumpf und unrein, dass sie als unangenehm empfunden werden. Einzelne regionale Produkte haben überregionale Berühmtheit erlangt. Vor allem Brände aus Karotten und Sellerie begeistern viele Konsumenten.

3. Maischebereitung und Vergärung

Wenn die Rohware die entsprechenden Anforderungen erfüllt, kann der Brenner zum Bereiten der Maische gehen. Als Maische werden die zerkleinerten Früchte bezeichnet. Für eine gut zu gärende Maische, bei der ein entsprechender Aufschluss möglich ist, werden die Obstarten vor der Vergärung immer zerkleinert.

Geräte zur Zerkleinerung der Rohstoffe

Je nach Fruchtart kommen auch unterschiedliche Geräte zur Zerkleinerung zum Einsatz. Die Auswahl richtet sich nach der Stundenleistung, dem gewünschten Zerkleinerungsgrad und dem Aufbau der Früchte. Wichtig ist immer, dass Steine, Kerne, Stiele und andere geschmackgebende Teile, nicht zerschlagen werden. Zum Einsatz kommen folgende Geräte:

Walzenmühlen zerquetschen die Früchte zwischen zwei gegeneinanderlaufenden Walzen verschiedener Bauarten. Je nach Bauart der Walzen sind sie für unterschiedliche Verwendungen geeignet. Im Produktionsbereich wird zwischen glatten, gezahnten, überlappten und zahnradartigen Walzen unterschieden. Die Walzen können aus Edelstahl, Holz oder Gummi hergestellt sein. Vor allem Gummiwalzen sind für die Zerkleinerung von Steinobst sehr gut geeignet. Gleichzeitig sind damit auch unterschiedliche Zerkleinerungsgrade möglich.

Rätzmühlen zerkleinern das Obst durch das Vorbeiführen der Rohware an gezackten Messern, die vielfach auswechselbar sind. Die Früchte werden durch einen sich drehenden Rotor an die Außenseite gedrückt, wodurch sie über die Messer zerschlagen werden. Eine Verarbeitung anderer Obstarten als Kernobst ist vielfach nicht möglich. Für Kernobst sind sie jedoch sehr gut geeignet und die Maische weist einen gleichmäßigen Zerkleinerungsgrad auf.

Schleuderfräsen zerkleinern die Rohware, indem sie durch die Fliehkraft die Äpfel an den Rand führen und diese dann über feine Schabgitter oder Siebe führen. Schleuderfräsen werden für alle Kern- und Beerenobstarten verwendet, was durch ein Austauschen der Siebe möglich ist. Eine Zerkleinerung von Steinobst ist mit diesen Geräten nicht möglich.

Schabgeräte sind zumeist Obstmühlen älterer Bauart, die noch in Verwendung stehen. Diese Geräte, bei denen das Obst mittels Schieber an eine rotierende Walze mit Zerkleinerungsblättchen gedrückt wird, zerkleinern die Rohware zumeist sehr gut. Als Nachteil kann die teilweise unterschiedliche Größe der einzelnen Teile angesehen werden. Dies kann teilweise zu einer Ausbeuteverminderung führen.

Getreidemühlen sind für die Zerkleinerung von Getreide und Körnern notwendig. Üblich sind hier Steinmühlen oder Schrotmühlen, die das Getreide mit rotierenden Hämmern zerschlagen. Der Zerkleinerungsgrad kann gewöhnlich bei all diesen Geräten entsprechend eingestellt werden. Durch die direkte Zerkleinerung vor der Erhitzung kann das Aroma sehr gut erhalten werden.

Große Flügelmixer mit entsprechend starken Motoren können sehr gut für die Zerkleinerung von Obst verwendet werden. Besonders bei Stein- und Beerenobst werden damit sehr gute Ergebnisse erzielt. Diese Geräte arbeiten mit einem Motor und einer darauf angebrachten Welle, an deren Ende entweder ein Flügel oder eine Mixermechanik angebracht ist. Dabei werden keine Steine zerstört, so dass von vornherein der Anteil an Benzaldehyd im fertigen Produkt minimiert werden kann. Bei kleineren Mengen kann dies auch eine Bohrmaschine und ein Bohrmaschinenpropeller oder ein Rührgerät für Fliesenkleber aus dem nächsten Baumarkt sein.

Zerkleinern

Die besten Erfolge beim gleichmäßigen Zerkleinern können bei bereits angegorenen oder in Gärung befindlichen Maischen erreicht werden, da diese von der Schale weicher sind und somit leichter zerstört werden können.

Spezielle Erfordernisse bei der Zerkleinerung

Je nach Obstart sind verschiedene Arten der Zerkleinerung sinnvoll, um die beste Qualität zu erzielen.

Zerkleinerung von Kernobst

Zum Zerkleinern von Kernobst sind Rätzmühlen und Schleuderfräsen gut geeignet. Um eine einheitliche und gute Maische zu erzielen, sollte die Rohware möglichst gleichmäßig zerkleinert werden, damit optimale Zuckerausbeuten möglich sind. Am besten sind hierfür Fliehkraftgeräte geeignet, die ein sehr gleichmäßiges Mahlgut herstellen. Bei der Zerkleinerung von Kernobst ist darauf zu achten, dass möglichst wenige Stiele und Kerne zerquetscht werden, um Fremdgeschmack im fertigen Brand zu vermeiden. Bei einzelnen Birnensorten ist deshalb ein Entstielen nicht unangebracht. Dies betrifft alte und kleine Sorten.

Zerkleinerung von Steinobst

Steinobst bereitet bei der Zerkleinerung die meisten Probleme, da die Steine nicht zerschlagen werden sollen, um einen Bittermandelton durch die Freisetzung von Amygdalin zu verhindern. In Großbetrieben werden die Früchte vor der Verarbeitung mit Entsteinungsmaschinen entsteint, die in der Anschaffung teilweise teuer sind. Bei einigen davon ist die Qualität der Arbeit jedoch nicht entsprechend. Vor allem bei harten Früchten treten vereinzelt große Verluste – durch ein Zurückbleiben des Fruchtfleisches an den Steinen – auf. Bei gut arbeitenden Maschinen ist die Maische dann zumeist auch schon dementsprechend zerkleinert. Kleinstbetriebe entsteinen die Früchte oftmals per Hand, was das Endprodukt durch die Arbeitskosten allerdings sehr stark verteuert. Dazwischen liegt die einfachste Möglichkeit, die Rohware mit einem Propellermixer bei geringer Drehzahl zu zerkleinern, damit keine Steine zerschlagen werden. Anschließend kann man die Steine über einem Sieb sehr einfach abtrennen. Diese Tätigkeit kann sogar noch kurz vor dem Brennen durchgeführt werden, denn dann ist die Maische zumeist schon vollständig verflüssigt. Gut geeignet sind auch Gummiwalzenmühlen, wobei eine weiche Gummibeschichtung notwendig ist. Dafür müssen die Früchte dann ebenfalls etwas weich sein, denn harte Früchte würden ganz durchgehen.

Zerkleinerung von Beerenobst

Zur Zerkleinerung von Beerenobst werden in den Betrieben Propellermixer in verschiedenen Größen eingesetzt. Vereinzelt bieten die Firmen, die Flieh-kraftmühlen führen, spezielle Beerensiebe oder -gitter an, die jedoch nur bei vollständig gerebelter Ware gute Leistungen erbringen. Rebler, wie sie im Weinbau verwendet werden, sind zur Zerkleinerung ebenfalls sehr gut geeignet, da die Ware während des Arbeitsvorgangs gerebelt und zerkleinert wird. Dadurch kann ein Arbeitsschritt eingespart werden. Bei der Zerkleinerung von Beerenobst ist allerdings darauf zu achten, dass die Umdrehungen der Maschinen nicht zu hoch sind, da sonst zu viele Kerne, Steinchen und Nüsschen der Früchte zerstört werden. Als am besten zur Zerkleinerung von Beeren- und Steinobst geeignet haben sich in den letzten Jahren die verschiedenen Propellermixgeräte erwiesen, die es vom kleinen Handgerät bis zum fix montierten Deckengerät gibt.

Beerenobst zerkleinern
Die besten Erfolge beim Zerkleinern von Stein- und Beerenobst mit Mixgeräten können nach zwei bis drei Tagen Angärdauer erreicht werden, da zu diesem Zeitpunkt schon viele Früchte weich sind.

Himbeermaische im Bottich

Stärkehältige Stoffe

Je nachdem, welches Produkt verarbeitet werden soll, sind verschiedene Verfahren zur Zerkleinerung notwendig. Getreide und Mais wird überwiegend mit Schrotmühlen oder einfachen Mühlen zerkleinert und im Anschluss daran weiterbearbeitet. Alle anderen mehligen Stoffe wie Topinambur oder Kartoffeln werden mit Obstmühlen zerkleinert und erst anschließend weiterverarbeitet und thermisch aufgeschlossen. Am besten hierfür geeignet sind Fliehkraftmühlen. Hier ist es besonders wichtig, dass alle mit dem Produkt in Berührung kommenden Teile aus Edelstahl sind.

Pumpen für den Maischetransport

Zur Arbeitserleichterung im Kellereibetrieb tragen besonders Pumpen bei. Nicht alle Pumpen sind jedoch für den Transport von breiigen Maischen, die noch Obststücke enthalten, gleich gut geeignet.

Exzenterschneckenpumpen sind sicherlich die Idealgeräte für diese Aufgabe. Mit diesen Pumpen kann man alle feststoffreichen Maischen pumpen. Bei einem größeren Durchmesser des Stators ist es sogar möglich Steinobstmaischen mit Ausnahme von Marillen und Pfirsichmaischen zu pumpen. Dabei ist es besonders wichtig, dass diese Pumpe nicht trocken läuft, denn die Reibung des Rotors am Stator führt innerhalb kürzester Zeit zum Ausfall des Stators, der dann kostspielig ersetzt werden muss.

Impellerpumpen sind als zweite mögliche Pumpenart in der Brennerei zu nennen. Bei diesen Pumpen wird das Gut mit einem kreisförmigen Impeller transportiert. Eine Impellerpumpe kann auch kleinere Steine pumpen. Der Impeller wird dadurch nur etwas mehr angegriffen, wodurch er bei größeren Betrieben nach jeder Saison ersetzt werden muss.

Die Stundenleistungen variieren bei beiden Geräten zwischen 1.000 oder einigen tausend bis ungefähr 40.000 Liter pro Stunde, was von der Gerätegröße abhängig ist.

Transport ohne Pumpe
Eine deutliche Vereinfachung auch ohne Pumpe kann mit Seilzug erreicht werden.

Maischebehandlung vor der Gärung

Um ein sauberes und reines Produkt zu erhalten, ist die Maische vor der Gärung so zu behandeln, dass die Hefe optimale Bedingungen vorfindet und während der Gärung möglichst wenig Gärungsnebenprodukte gebildet werden. Gärungsnebenprodukte sind alle höhersiedenden Alkohole, aber auch alle niedrigen Alkohole. Beide führen zu unsauberen Produkten, die qualitativ nicht dem Stand der Dinge entsprechen. Um nun der Hefe ideale Bedingungen zu bieten und der Maische den größtmöglichen Schutz angedeihen zu lassen, sind verschiedene Tätigkeiten durchzuführen. Diese Tätigkeiten können durchgeführt werden, sind allerdings nicht bei jeder Maischeart unbedingt notwendig. Der erfahrene Brenner wählt aus den Möglichkeiten die für ihn beste. Wer sich noch in der Anfangsphase befindet, sollte aus Sicherheitsgründen immer alle Schritte durchführen, um eine qualitativ hochwertige Maische zu erhalten.

Zugabe von Reinzuchthefe

Um eine Maische optimal und möglichst sauber, das heißt ohne Gärungsnebenprodukte, zu vergären, ist die Zugabe von Reinzuchthefe unerlässlich. Nachdem in jeder Maische nur eine gewisse Menge an Zucker vorhanden ist, ist es notwendig, diesen Teil so gut als möglich zu nutzen, um daraus möglichst große Mengen an Ethanol zu gewinnen. Gleichzeitig schaltet ein früherer Gärbeginn viele sauerstoffliebende Bakterien durch die Bildung von CO_2 aus, was von Anfang an Gärfehler vermeiden hilft. Zur Vergärung sind Kaltgärhefen gut geeignet. Einzelne Firmen bieten aber auch spezielle Hefen für die Brandproduktion an, die sich durch besonders niedrige Methanolgehalte und Gärungsnebenprodukte auszeichnen. Viele dieser Spezialhefen, vor allem Aromahefen sind jedoch so angelegt, dass sie sehr langsam gären. Aus eigenen Erfahrungen konnte immer wieder festgestellt werden, dass einfache Hefen und eine gekühlte Gärung besser geeignet sind als die besten Aromahefen. Vor allem Hefearten, die viele Glycerine bilden, sollten vom Brenner nicht verwendet werden. Was bei der Weinproduktion Fülle und Körper bedeutet, führt im Edelbrand zu einer größeren Menge an Nachlauf. Die Auswahl der richtigen Hefe ist oftmals auch eine Erfahrung des Betriebsführers und richtet sich nach dem gewünschten Aroma im fertigen Brand.

Der Gutteil der branntweinproduzierenden Betriebe arbeitet zurzeit mit Trockenhefen, da diese den Vorteil haben, bei Nichtverwendung in der Tiefkühltruhe lagerfähig zu sein. Flüssighefen werden nur noch selten angewandt, da sie nur sehr schlecht lagerfähig und vor allem oftmals nicht mehr wirksam sind, wenn sie in den Verkauf gelangen. Gewöhnlich genügen Mengen zwischen acht und 15 Gramm pro 100 Liter Maische. Nur bei schwer zu vergärenden Obstarten oder kälteren Einmaischtemperaturen ist diese Menge zu erhöhen. Dies kann bis zum Dreifachen des Normalwertes gehen. Die Trockenhefen werden in lauwarmem Wasser vorgequollen und können dann direkt über die Maische gegeben werden. Neue Hefestämme können auch direkt über die Maische gestreut werden, wobei das Vorquellen in lauwarmem Wasser einen eindeutig schnelleren Gärbeginn mit sich bringt.

Verschiedene Maischezusätze

Die Zugabe von Hefenahrung

Bei schwierigen Gärbedingungen und kälteren Temperaturen ist eine Zugabe von Hefenahrung, die in die Maische Phosphor und Stickstoff einbringt, damit sich die Hefe schneller vermehren kann, unbedingt notwendig. Vor allem in trockenen Jahren, in denen die Pflanzen wenig Nährstoffe aufnehmen konnten, hat sich der Zusatz von Hefenährsalz als sehr wertvoll erwiesen. Hefenährsalze, die zumeist aus Ammoniumsulfat oder Di-Ammoniumhydrogenphosphat bestehen und teilweise noch mit Vitaminen und Heferindenextrakten versetzt sind, werden üblicherweise nur als Hilfsstoff eingesetzt. Der gesetzliche Höchstwert der Zugabe beträgt 30 Gramm pro 100 Liter Maische, wobei vielfach Mengen zwischen zehn und 20 Gramm pro 100 Liter Maische genügen. Ein weiterer Zusatz von Hefenahrung ist Vitamin B1 (Thiamin), welches die Hefe in ihrem Lebenszyklus benötigt. Der Höchstwert der Zugabe beträgt hier ein Gramm pro Hektoliter.

Beide Maßnahmen sind nur bei schwierigen Maischen und kälteren Gärtemperaturen notwendig, oder dann, wenn man auf Nummer sicher gehen möchte, um jeden möglichen Fehler von vornherein auszuschalten.

Wann ist Hefenahrung notwendig?
Eigene Erfahrungen zeigten, dass Hefenahrung nur dann notwendig ist, wenn die Maische während der Gärung stecken bleibt oder nicht zu gären beginnt. Die besten Erfolge konnten bei Schlehen, Speierling und Holunder beobachtet werden.

Zugabe von Enzymen

Obst- und Getreidemaischen sind in der Regel sehr dickflüssig und daher nur sehr schwer handhabbar. Eine zu dicke Maische ist schwer zu pumpen und zu rühren und führt vielfach zu unvergorenen Nestern, welche die Ausbeute verringern. Gleichzeitig werden bei dickflüssigen Maischen und Maischen mit großen Fruchtstücken nicht alle Zuckerteile erfasst, was die Ausbeute ebenfalls in kleinsten Bereichen verringert. All diese Gründe machen die Verwendung von Enzymen unumgänglich. Diese Enzyme spalten je nach Enzymart die Kittsubstanz (Pektine) der Früchte oder noch verbliebene Stärke. Pektinspaltende Enzyme führen zu einer Verflüssigung der Maische. Enzyme, die Stärke spalten (Amylasen), erhöhen die Ausbeute und verhindern auch das Anlegen der Maische im Brenngerät. Damit sind verschiedene Vorteile verbunden. Dies erleichtert einerseits das Rühren der Maischen, da diese flüssiger werden, andererseits die Verteilung der Maischezusätze im Behälter. Beim Brennen ist die Umwälzung von dünnflüssigen Maischen ebenfalls besser, wodurch sich auch geringe Ausbeutevorteile gegenüber Maischen ohne Enzymzusatz ergeben.

Die Dosierung der Enzyme ist abhängig von
– der Konsistenz des Rohmaterials
– der Temperatur
– dem Vorhandensein von Inhaltsstoffen,
   die gespalten werden sollen
– der Wirksamkeit des Enzyms

Harte Früchte erfordern einen höheren Enzymaufwand als weiche Früchte, da bei diesen das Pektin auf natürlichem Wege schon weiter verringert ist. Enzyme sind in ihrer Wirksamkeit temperaturabhängig. Ihr Optimum liegt im Bereich von 25 bis 45 °C. Daher ergibt sich: Je kälter die Maische ist, desto mehr Enzym ist notwendig, um einen guten Maischeaufschluss zu erhalten. Enzyme verlieren bei Temperaturen um 12 °C fast vollständig ihre Wirksamkeit, was bei der Gärung und der Gärtemperatur zu beachten ist.

Die einzelnen Enzyme sind unterschiedlich wirksam, da viele Enzyme nur für einen kurzen Aufschluss etwa bei der Weinbereitung gedacht sind. In der Brennerei sind hochkonzentrierte Enzyme notwendig, die einen sehr guten und sauberen Aufschluss gewährleisten, unter einer Minimierung der Methanolbildung, denn auch darauf ist zu achten. Einzelne Enzyme spalten Pektin unter einer erhöhten Bildung von Methanol. Aus diesem Grund sollten stark enzymierte Maischen, vor allem aus pektinreichen Früchten wie Johannisbeere oder Quitten, in die abgehende Gärung destilliert werden. Damit lässt sich der hohe Anteil an Methanol im fertigen Brand stark reduzieren. Bei der Spaltung von Stärke in Zucker ist eine Enzymierung in der Heißphase unbedingt notwendig. Damit kann die Aromaausbeute bei mehligen Stoffen deutlich verbessert werden.

Enzyme werden in flüssiger und fester Form angeboten, wobei die flüssige Form schlechter haltbar ist als die feste Form. Gewöhnlich sind Enzyme mindestens ein Jahr ohne Bedenken gekühlt lagerfähig. Vor der Verwendung ist jedoch eine Kontrolle auf Schimmelbildung an der Oberfläche durchzuführen. Schimmelige Enzymlösungen sollen nicht mehr verwendet werden.

Unter normalen Gärbedingungen sind Enzymmengen zwischen fünf und zehn Milliliter pro 100 Liter Maische von konzentrierten Enzymlösungen notwendig. Weniger konzentrierte Enzymlösungen werden stärker angewandt (30 bis 40 Milliliter pro Hektoliter) Bei festen Enzymen sind diese Werte zumeist nur in Gramm pro Liter umzurechnen oder direkt auf der Packung nachzulesen.

Enzymeinsatz bringt Aroma
Maischen, die mit Enzymen behandelt wurden, sind nicht nur flüssiger, sondern bringen meist auch mehr Aroma in den fertigen Brand mit. Auch nur leicht stärkehaltige Rohstoffe können sehr gut mit stärkespaltenden Enzymen behandelt werden

Die Zugabe von Säure

Fruchtmaischen stellen mit ihrem Gehalt an Zuckern, Aminosäuren und Mineralstoffen für viele Bakterien einen idealen Nährboden dar. Viele dieser Mikroorganismen sind als Gärschädlinge zu betrachten und können die Maische vollständig zerstören. Bakterien benötigen zu ihrem Überleben einen pH-Wert, der größer als 3,5 ist. Senken wir nun den pH-Wert unserer Maische unter diesen Wert, so sind die meisten gärschädlichen Bak-

Kontrolle des pH-Wertes
Die besten Erfolge werden bei einem pH-Wert von 3,3 erzielt. Zur Kontrolle des pH-Wertes können entweder ein pH-Meter oder einfache Teststreifen verwendet werden. Sie sind im Zubehörbereich für Brennereien und bei einschlägigen Handelsfirmen erhältlich.

terien in ihrer Entwicklung gehemmt. Aus diesem Grund ist eine Säurezugabe bei den meisten Maischen notwendig, da nur einige wenige Maischen einen natürlichen pH-Wert von 3,5 aufweisen.

Möglichkeiten der Ansäuerung

Für die Ansäuerung kann man verschiedene organische und anorganische Säuren verwenden. Je nach Bedarf, Dauer und geplantem Abbrennzeitpunkt kann die Art der verwendeten Säure variieren. Organische Säuren sind in der fertigen Maische nicht so lagerfähig wie anorganische. Daher sind Säuren, die mit Zitronensäure oder Milchsäure angesäuert wurden, eher gegen Ende der Gärung zu destillieren.

Eine **Ansäuerung mit Zitronensäure** ist vielleicht die natürlichste Art der Ansäuerung, die sich dem Konsumenten gegenüber am leichtesten erklären lässt. Gewöhnlich genügen Mengen zwischen drei und sieben Gramm pro Liter Maische.

Zitronensäure hat in ihrer Anwendung allerdings den großen Nachteil, dass sie nicht längere Zeit lagerfähig ist. Das heißt, sie ist bakteriell abbaubar. Diese abgebaute Zitronensäure zerfällt in Acetaldehyd und Aceton, die im fertigen Destillat durch einen stechenden Geruch nach Essigsäure auffallen. Zitronensäure sollte man nur verwenden, wenn die Maische sofort nach der Gärung abdestilliert werden kann.

Phosphorsäure und Milchsäure sind getrennt anwendbar. Allerdings haben sich in den letzten Jahren Mischungen derselben als sehr gut erwiesen. Beide Säuren sind Lebensmittelsäuren, die in der fertigen Maische sehr stabil sind. Mit diesen Säuren angesäuerte Maischen sind auch längere Zeit lagerfähig, ohne dass sie von Bakterien angegriffen werden. Gewöhnlich genügen Mengen zwischen ein und zwei Litern pro 100 Liter Maische. Diese Säuren werden flüssig und granuliert angeboten, wobei bei der granulierten Form 100 bis 300 Gramm pro 100 Liter Maische verwendet werden. Die granulierte Form weist allerdings durch den etwas geringeren Milchsäureanteil eine schlechtere Wirksamkeit auf.

Säure verlängert die Haltbarkeit
Sollte die Maische nach der Gärung noch einige Zeit gelagert werden, so kann mit einem einfachen Zerstäuber, wie er auch für Blumen verwendet wird, die Oberfläche der Maische mit Säure eingesprüht werden. Damit wird der pH-Wert an der Oberfläche so stark gesenkt, dass ein längerer Schutz gegeben ist.

Schwefelsäure zur Herabsetzung des pH-Wertes ist zurzeit sicherlich die billigste und wahrscheinlich auch die gefährlichste Variante. Dabei wird mit konzentrierter Schwefelsäure gearbeitet, wobei 100 Gramm pro 100 Liter Maische zumeist genügen, um den erwünschten pH-Wert zu erreichen. Schwefelsäure hat allerdings den Nachteil, dass die Arbeit mit ihr sehr gefährlich ist. Kommt Schwefelsäure zu Wasser, wird sehr viel Wärme freigesetzt. Wichtig ist, dass die Säure zum Wasser und nie Wasser zur Säure gegeben wird, da es sonst zu explosionsartiger Verdampfung kommt. Die Verwendung ist nicht zu empfehlen.

Die Vergärung von Maische

Der Gärverlauf gliedert sich hier wieder wie bei allen anderen gärenden Produkten in drei Phasen:
– Vorgärung
– Hauptgärung
– Nachgärung
Alle drei Gärphasen sind in den meisten Maischen sehr deutlich zu erkennen und zu sehen.

Vorgärung

Die Vorgärung ist die wichtigste Phase in der Gärzeit von Maischen, da hier die meisten Fehler auftreten können. In dieser Zeit ist die Maische zwar schon durch die Säure geschützt, es fehlt aber noch der Schutz durch die Kohlensäure. Gleichzeitig arbeiten hier bei etwas kühleren Temperaturen schon die Schimmelpilze, die dann im fertigen Produkt sehr leicht zu erkennen sind. Daneben ist eine lange Vorgärzeit oder eine lange Zeit bis zum Gärbeginn wegen Aromaeinbußen für das Endprodukt als nachteilig anzusehen. Diese sind überwiegend auf die Oxidation der Maische und der damit einhergehenden Aromaoxidation zurückzuführen. Die Vorgärzeit ist durch eine ideale Gärtemperatur und einer für die Hefe ausreichenden Nährstoffversorgung zu verkürzen. Damit sind auch reinere Produkte zu erhalten, da die Zeit der Tätigkeit von Gärschädlingen beträchtlich verkürzt wird.
Um in der Maische eine gleichmäßige Verteilung der Hefe zu erzielen, sollte die Maische in dieser Phase ihres Gärverlaufes beinahe täglich gerührt werden. Dies dient auch dazu, die Bildung von Bakterien, die sich an der Oberfläche sammeln, zu verhindern. Durch das Rühren entweicht nämlich die geringe Menge bereits entwickelter Kohlensäure an die Oberfläche und führt zu einem Kohlensäureschutz an der Maischeoberfläche. Dies verhindert dann die Oberflächenoxidation.

Hauptgärung

Dieser Abschnitt wird als stürmische Gärung bezeichnet. Er ist erkennbar durch eine sehr starke Kohlendioxidentwicklung und der täglichen Bildung eines Tresterhutes. Dieser ist zu Beginn der Hauptgärung täglich unterzustoßen, um Kavernenbildung vorzubeugen und um die trockenen Teile mit Flüssigkeit zu versorgen, da sonst die Hefetätigkeit in diesem Bereich aufhört. Während der intensiven Hauptgärung sollte die Maische allerdings nicht gerührt werden, um Aromaverluste zu verhindern, denn durch das plötzliche Entweichen der Kohlensäure werden Aromastoffe mitgerissen, die dann im späteren Destillat nicht mehr zu finden sind.
Die Hauptgärung sollte nicht zu schnell verlaufen, da sich in dieser Zeit sehr viele wichtige Aromastoffe bilden. Deshalb sollten auch während der Hauptgärung Temperaturen von 20 °C nicht überschritten werden. Bei Williamsmaischen liegt die Höchsttemperatur nur bei 17 °C.

Nachgärung oder abklingende Gärung

Wenn der größte Teil des Zuckers vergoren ist, wird die Gärtätigkeit immer geringer und die Kohlendioxidentwicklung verlangsamt sich sehr stark. Ob der Zucker nun vollständig vergoren ist, ist nur durch analytische Bestimmungen erkennbar. Der Restzuckergehalt kann nun mit dem Clinitest bestimmt werden. Es dürfen höchstens noch zwei Gramm pro Liter Zucker vorhanden sein. Vielfach hilft hier auch die visuelle Kontrolle der Maische. Wenn die Oberfläche flüssig wird, die Feststoffe nach unten absinken, kann davon ausgegangen werden, dass die Maische fertig vergoren ist.

+

Clinitest zur Zuckerbestimmung

Der Clinitest als einfache Form der Zuckerbestimmung eignet sich für alle hellen Maischen. Bei sehr roten und dunklen Maischen ist das Ergebnis erst nach dem Entfärben genau. Dabei werden einige Tropfen der Maischeflüssigkeit mit einigen Tropfen Wasser versetzt, dann wird eine Clinitest-Tablette zugegeben. Das Glasröhrchen wird an der Oberseite gehalten und nach etwa einer Minute kann die Farbe der Flüssigkeit mit einer Farbtabelle verglichen und der Restzuckergehalt abgelesen werden.

Möglichkeiten der Gärsteuerung

Eine Steuerung der Gärung ist in vielen Fällen nur bedingt möglich. Durch die Erfahrungen der letzten Jahre konnte beobachtet werden, dass eine gleichbleibende Gärtemperatur, die entsprechend geregelt wird, zu einem optimalen Ergebnis führt. Nachdem nur eine Erwärmung oder Kühlung der Maische möglich ist, kann zumeist nur wenig Einfluss auf die Maische genommen werden. Der erfahrene Brenner arbeitet daher in einem Raum, in dem er die Temperatur konstant halten und den einzelnen Maischen entsprechend anpassen kann.

Erwärmung

Eine Erwärmung ist besonders bei schwierig zu vergärenden Maischen und bei kühlen Temperaturen unumgänglich, um einen sofortigen Gärbeginn zu erreichen und somit Gärschwierigkeiten und möglichen Gärfehlern vorzubeugen. Die Erwärmung der Maische kann mit den verschiedensten Methoden erfolgen, wobei hier nur die wichtigsten erwähnt werden sollen.

Vergärung in einem beheizten Raum: Diese Variante ist sicherlich die zielführendste aller Erwärmungsmethoden, da mittels Thermostat eine entsprechend gleichbleibende Temperatur im Raum erzielt werden kann. Die ideale Raumtemperatur für zu kalte Maischen und für die Gärung liegt bei etwa 18 bis 20 °C.

Reinigung der Ware mit heißem Wasser: Die Reinigung des Obstes vor dem Einmaischen mit heißem Wasser führt zu einer kurzfristigen Erwärmung an der Oberfläche der Früchte. Vor allem der hohe Reinigungsgrad macht diese Methode interessant. Die Erwärmung der Maische ist allerdings zweitrangig.

Abwasser der Brennerei durch die Maische leiten: Wie in einzelnen Betrieben zu sehen ist, wird die Maische mittels Abwasser aus der Brennerei über eine Edelstahlschlange beheizt. Diese Art der

Heizung funktioniert allerdings nur während der Brennzeit, ist lokal begrenzt und nicht besonders wirksam. Daher sollte dies nur als Notlösung angesehen werden. Besser wäre hier, das Wasser durch einen ausrangierten Heizkörper zu leiten, um damit den Raum zu erwärmen.

Kühlung

Vielfach ist im Sommer oder Frühherbst eine Kühlung der Maische nicht zu umgehen. Eine Kühlung wird dann notwendig, wenn die Maische Temperaturen von mehr als 20 bis 25 °C erreicht, um Aromaverlusten vorzubeugen. Die meisten Aromakomponenten sind sehr leicht flüchtig – sobald man sie in einem Raum riechen kann, sind sie für den Brand verloren. Besonders wichtig ist eine Kühlung bei Williamsmaischen, deren Aroma schon bei Temperaturen um 17 °C einer Verflüchtigung unterliegt. Die Kühlung kann mit verschiedenen Methoden erfolgen.

Kühlung des Gärraums: So wie der Raum beheizt werden können soll, sollte ein Gärraum im Sommer und Frühherbst, wenn noch entsprechende Maischetemperaturen erreicht werden können, mit einem Kühlaggregat versorgt sein, um eine entsprechende Raumkühlung zu gewährleisten. Die Kühltemperatur des Raumes soll unbedingt immer etwa 4 °C unter der gewünschten Maischetemperatur liegen. Den besten Kühleffekt erzielen Maischebehälter aus Edelstahl, da die Temperatur am besten geleitet wird. Die optimale Behältergröße bei gekühlter Gärung mit Raumkühlung sollte 2000 Liter nicht übersteigen, da sonst die Kerntemperatur zu hoch und nur eine ungenügende Kühlung erreicht wird.

Kühlung über Platten- und Schlangenkühler: Die Kühlung der Maische über Kühlplatten oder -schlangen im Inneren der Maische ist nur bei flüssigen Maischen empfehlenswert. Durch die dickflüssigen Maischen ist der Kühleffekt nur begrenzt bemerkbar. Sollte der Behälter ständig gerührt werden, dann kann auch eine entsprechend dickere Maische so gekühlt werden.

Oberflächenkühlung: Die Kühlung der Maische an der Oberfläche über einen Kühlmantel oder über Berieselungskühlung ist nur bei kleineren Behältern effektiv. Vor allem die Berieselung mit Wasser kann nur eine zeitweise starke Überhitzung des Behälters verhindern. Eine gleichmäßige Kühlung ist damit nicht möglich.

Beheiz- und kühlbarer Gärraum

Am besten geeignet ist ein mittelgroßer Gärraum, in dem die Maische beheizt und gekühlt werden kann, wo auch während des Jahres andere Produkte kühl gelagert werden können.

Gründe für Gärstockungen

Trotz optimaler Bedingungen kann es in Fruchtmaischen immer wieder zu Gärstockungen kommen, was sich dann in den Destillaten negativ auswirkt.
– Zu tiefe Temperaturen. Abhilfe schafft eine Erwärmung der Maische.
– Zu hoher Säuregehalt. Dies kann von Natur aus oder durch Fehlmanipulationen verursacht sein.

Abhilfe schafft eine Erhöhung des pH-Wertes mit Entsäuerungskalk.

– Ein zu hoher natürlicher Gehalt an Konservierungsmitteln. Anzutreffen ist dies besonders bei Vogelbeermaischen, aber auch bei Holunder, Mostbirnen und anderen eher robusteren Wildformen.

Den verschiedenen Gärstockungen kann man mit einiger Sachkenntnis und etwas Hausverstand sehr leicht entgegenkommen, denn vielfach genügt schon eine erhöhte Reinzuchthefezugabe und eine leichte Erwärmung, damit die Maische wieder zu gären beginnt.

Gründe für biologischen Verderb von Maische

Gewöhnlich darf bei einer Maische kein biologischer Verderb auftreten. Wenn es allerdings zu Gärstockungen, Gärproblemen oder einem unerwünschten Sauerstoffzutritt kommt, sind immer wieder die verschiedensten Bakterien und Pilzfehler in Maischen zu erkennen.

Bakterien

Maischen sind aufgrund ihrer natürlichen Eigenschaften, dem hohen Gehalt an Zucker und Stärke, besonders anfällig gegenüber Bakterien. Besondere Wichtigkeit für den Verderb von Maische kommen dabei den unerwünschten Essig-, Milch- und Buttersäurebakterien zu.

Schimmelpilze

Besonders oft sind Schimmelpilze in Maischen anzutreffen. Vor allem bei kühleren Temperaturen und verzögertem Gärbeginn kommt es oft vor, dass Maischen an der Oberfläche von sehr intensiv riechenden und schmeckenden Schimmelpilzen befallen werden. Diese Schimmelpilze bilden nicht nur das Destillat beeinträchtigende Aromastoffe, sondern auch Mykotoxine mit für den Menschen extremer Giftigkeit, die in den Destillaten vielfach noch verstärkt werden. Von Vorteil ist nur, dass die wenigsten Mykotoxine überdestilliert werden können. Besonders einzelne Apfelsorten (hauptsächlich Gloster) neigen durch ihre natürlich hohe Sporenanzahl bei kühleren Temperaturen zur Schimmelbildung, was im fertigen Destillat zu einem Schimmelgeschmack führt. Aber auch viele Beeren bringen von Natur aus so viele Sporen mit sich, dass es zu einem Verderb nach der Gärung kommen kann. Ein starkes Auftreten von Schimmel ist vielfach auch bei Vogelbeermaischen zu beobachten, was auf die natürliche Verzögerung beim Gärbeginn zurückzuführen ist. Mit Beginn der Kohlendioxidentwicklung ist zumeist das Auftreten der Schimmelpilze zu Ende, was beim Einleiten der Gärung bedacht werden sollte. Treten Schimmelpilze am Ende der Gärung auf, so sind die Maischen alsbaldigst zu brennen, denn dieses Auftreten ist nur sehr schwer zu bekämpfen.

4. Destillation

Durch den Brenn- oder Destillationsvorgang wird der in der Maische enthaltene Alkohol zusammen mit den aromagebenden Stoffen von den übrigen Bestandteilen getrennt. Da in der Abfindungsbrennerei die Branntweinmonopolabgabe pauschaliert ist, ist es das Bestreben eines jeden Brenners, den Alkohol möglichst vollständig zu gewinnen.

Die physikalischen Grundlagen der Destillation beruhen auf den unterschiedlichen Siedepunkten verschiedener Flüssigkeiten, die es möglichst genau zu trennen gilt. Während reines Wasser bei normalem Luftdruck einen Siedepunkt von 100 °C aufweist, siedet reiner Alkohol schon bei 78,3 °C. Werden Wasser-Alkohol-Gemische zum Sieden gebracht, so enthält der Dampf beim Sieden bereits beide Komponenten. Je mehr Alkohol in der Mischung ist, desto näher kommt der Siedepunkt jenem reinen Alkohols. Da der Dampf von Flüssigkeiten, die Alkohol und Wasser enthalten, alkoholreicher als die Flüssigkeit selbst ist, tritt eine Ver-

stärkung auf. Hierauf beruht die Möglichkeit, Alkohol in konzentrierter Form abzuscheiden, wenn noch viel Wasser im Flüssigkeitsgemisch ist.

Arten der Destillation

In der physikalischen Technologie wird zwischen Gleichstromdestillation und Gegenstromdestillation unterschieden.

Gleichstromdestillation

Bei der Gleichstromdestillation handelt es sich um eine einfache Destillationsweise, die dadurch gekennzeichnet ist, dass die aus der Blase verdampfenden Teilchen alle die gleiche Richtung aufweisen. Hier findet lediglich ein Verdampfen und Kondensieren statt, wie wir es von gewöhnlichen Brenngeräten her gewohnt sind. Die konventionelle Brenntechnik und alle einfachen Brenngeräte beruhen auf Gleichstromdestillation.

Gegenstromdestillation

Bei der Gegenstromdestillation wird den aufsteigenden Dämpfen ein kühlerer Flüssigkeitsstrom entgegengeleitet, was zu einer kontinuierlichen Verstärkung des Alkohol-Wasser-Gemisches führt. Der kühle Flüssigkeitsstrom entsteht durch einen Kühlteil im Verstärker oder durch kondensierende Dämpfe, die sich auf sogenannten Böden sammeln. Durch diesen kühleren Flüssigkeitsstrom ist nur eine kleine Menge Dampf mit intensiver Verstärkung in der Lage, bis zum Ende vorzudringen. Der dabei gewonnene Alkohol ist nach einem Abtrieb zumeist sehr rein. Die Gegenstromdestillation weist den Vorteil auf, dass es damit möglich ist, Brände in einem einzigen Abtrieb herzustellen.

Aufgrund dieser beiden Destillationstechniken unterscheidet man einige verschiedene Arten an Brennereien, die allerdings im Aufbau immer gleich gestaltet sind.

Aufbau des Brenngerätes

Ein Brenngerät besteht aus verschiedenen unbedingt notwendigen Teilen und Zubehör. Unbedingt notwendig sind die Blase, der Helm, das Geistrohr und ein Kühler. Moderne Brenngeräte weisen einige im Folgenden beschriebenen Teile auf, die jedoch oftmals für die Herstellung eines Brandes nicht unbedingt notwendig sind. Grundsätzlich

entscheidet nicht das Brenngerät über die Qualität des fertigen Brandes, sondern der Benutzer. Somit ist es auch mit einem einfachen, direkt befeuerten Kessel möglich, einen Qualitätsbrand zu erzielen. Mit modernen, gesteuerten Brennanlagen ist dies für den Brenner teilweise komfortabler.

Modernes Brenngerät

Tischbrennerei

Blase

Die Blase ist jener Bereich, in den die Maische gefüllt und in dem sie erhitzt wird. Es gibt kugelförmige und zylinderförmige, wobei die kugelförmige wegen der besseren Erhitzung und gleichmäßigeren Alkoholausbeute – wenn es kein Rührwerk gibt – zu bevorzugen ist. Die Form der Blase ist jedoch kein Qualitätskriterium für den fertigen Brand. Brennblasen sollten unbedingt aus Kupfer gefertigt sein, um während der Gärung gebildete Schwefelverbindungen zu neutralisieren und qualitativ hochwertige Destillate zu ermöglichen. Diese negativen Verbindungen bleiben bei Kupferblasen in der Schlempe zurück, was bei anderen Materialien nicht der Fall ist. Bei Brennblasen aus Edelstahl ist es notwendig, dass der Helm aus Kupfer ist beziehungsweise ein entsprechend großer Anteil an freier Kupferoberfläche im System zu finden ist.

Helm

Der Helm ist jener Teil, der die Blase abdeckt und den Dampf in das am höchsten Punkt befindliche Geistrohr leitet. Der Helm sollte noch aus Kupfer sein, damit die entwichenen und nicht kondensierten negativen Schwefelverbindungen in der Schlempe zurückbleiben. Je größer der Helm ist, desto länger dauert es, bis der Dampf beim Geistrohr entweichen kann, und desto sauberer ist die Abtrennung der einzelnen Fraktionen möglich. Allerdings ist die Größe des Helms durch monopolrechtliche Bestimmungen begrenzt. Einzelne Hersteller bieten bereits im Helm eine Kühlung des Dampfes an, die dann ähnlich dem Dephlegmator arbeitet.

Gefüllte Blase

Helm mit Temperaturanzeige

Geistrohr

Das Geistrohr ist die Verbindung zwischen Helm und der Kühleinrichtung. Ein Geistrohr sollte unbedingt steigend angebracht sein, um Kondensate, die eine zu niedrige Temperatur aufweisen, wieder in die Blase rückführen zu können. Bei älteren Brennanlagen ist das Geistrohr noch aus Kupfer, bei neuen Brennanlagen sollte allerdings nur noch Edelstahl verwendet werden. Dies aus dem Grund, da Kupfer von vereinzelt überdestillierten flüchtigen Säuren angegriffen wird, was zu einer Erhöhung der Kupferionen im fertigen Brand führt. Diese Kupferionen sind vielfach Auslöser für grüne und blaue Ausflockungen im fertigen Brand. Allerdings sind dabei auch zumeist Wachse und Öle der Früchte zu finden.

Geistrohre

Verstärker

Wie schon vorher beschrieben, weisen moderne Brenngeräte in der Regel einen Verstärkeraufsatz oder einen nebenbei angebauten Verstärker auf. Dieser Teil, der zumeist drei Böden und einen De-

phlegmator haben sollte, ermöglicht es, dass in einem Arbeitsgang Rau- und Feinbrand durchgeführt werden können. Verstärker sind vielfach außen aus Edelstahl und innen aus Kupfer, um eine entsprechende Reinigung erzielen zu können. Je nach Hersteller werden verschiedene Systeme zur Erzielung eines Widerstandes angeboten. Die besten Ergebnisse beim Brand konnten mit dem System der Glockenböden erreicht werden. Versuche mit anderen Technologien führten zu teilweise sehr scharfen und nicht entsprechend gereinigten Bränden. Der Dephlegmator, der sich ursprünglich aus zwei ineinander gestellten Zylindern, wobei der innere mit Wasser gefüllt war, ergeben hat, kann heute entweder ein Röhrensystem, ein Wasserkasten oder der klassische Zylinder sein. Alle Systeme erfüllen den Zweck der Kühlung des Wasserdampfs. Für den Brenner ist es nun notwendig zu entscheiden, wie stark er den Dephlegmator kühlt, um einen zu langen Verbleib des Destillates im Verstärker zu verhindern. Denn Produkte, die immer nur im Kreis destilliert werden, verlieren sehr stark an Aroma.

Kühler

Der Kühler sollte ebenfalls wie das Geistrohr aus Edelstahl gefertigt sein. Je nach Destillationstechnik und Durchflussgeschwindigkeit sollte der Kühler an das Brenngerät angepasst werden. Dabei wird zwischen Schlangen-, Teller- und Röhrenkühler unterschieden. Schlangenkühler sind eine Edelstahl- oder Kupferschlange in einem mit Wasser gekühlten Behälter. Diese Kühlart benötigt sehr viel Wasser und hat bei einer stärkeren Durchflussmenge nur eine geringe Kühlleistung. Tellerkühler sind zumeist aus Edelstahl gefertigt, die Kühlleistung ist entsprechend gut. Als Vorteil gegenüber einem Röhrenkühler ist die vollständige Zerlegbarkeit zur Reinigung zu nennen. Röhrenkühler, die eigentlich Rohrbündelkühler heißen müssten, bestehen aus einem Bündel an feinen Rohren, die von Wasser umspült werden. Die Kühlwirkung ist bei diesen sicherlich am besten. Ein Nachteil ist die schlechte Reinigungsmöglichkeit. Bei einfachsten Brenngeräten genügen Schlangenkühler. Je größer das Brenngerät wird, desto besser sollte die Kühlwirkung sein. Ab einer Kesselgröße von 100 Liter Blasenfüllmenge sollten nur noch Teller- und Röhrenkühler verwendet werden.

Der Kühlwasserfluss soll bei allen Kühlerarten im Gegenstrom erfolgen, um dem austretenden Kondensat eine möglichst geringe Temperatur aufzuzwingen, damit die Aromaverluste sich in einem geringen Rahmen halten. Als ideal kann eine Destillattemperatur von weniger als 20 °C angesehen werden.

Alkoholvorlage

Der Kühlerausfluss des Kondensates ist mit einer Alkoholvorlage auszurüsten, die es während des gesamten Brennvorganges gestattet, Temperatur, Gradstärke und Klarheit des ablaufenden Destillates zu kontrollieren. Die Alkoholvorlage kann zur Verhinderung von Alkohol- und Aromaverlusten mit einer Glasglocke abgedeckt werden, was allerdings nicht immer notwendig ist. Zur Erzielung eines qualitativ hochwertigen Brandes ist eine Alkoholvorlage und die permanente Kontrolle des Alkoholgehalts unbedingt notwendig. Die Alkoholvorlage sollte aus Edelstahl bestehen, um Kupferionen im fertigen Brand zu vermeiden. Die Alkoholspindel soll sich in der Alkoholvorlage frei bewegen können.

Kühler

Alkoholvorlage

Rührwerk

Moderne Brennereien sollten unbedingt mit einem Rührwerk ausgestattet sein, um eine gleichmäßige Erhitzung der Maische oder des Raubrandes zu ermöglichen. Damit kommt es weder zu lokalen Überhitzungen noch zu einem zu lange andauernden Vorlauf oder Nachlauf. Die Abtrennpunkte werden damit auch sensorisch genauer nachvollziehbar. Die technischen Lösungen reichen von einem einfachen mechanischen Rührwerk, das von Hand angetrieben wird, bis zu einem vollautomatischen Rührwerk, das mittels Computersteuerung eingesetzt wird. Vor allem bei der Verarbeitung etwas dickflüssigerer Maischen ist ein Rührwerk unumgänglich. Erfahrungen der letzten Jahre haben auch gezeigt, dass die Qualität des Feinbrandes bei der doppelten Destillation durch ein Rührwerk deutlich verbessert werden kann.

Rührwerk

Katalysator

Moderne Brenngeräte werden vielfach mit Katalysator angeboten. Diese sind in Österreich nur bei Verschlussbrennereien gestattet. Die Aufgabe eines Katalysators ist es, durch seine große Kupferoberfläche Ethylcarbamat und andere leicht abbindbare Stoffe, wie Schwefelverbindungen und andere unerwünschte Aromakomponenten, zu binden. Der Katalysator kann je nach Hersteller eine gerollte Kupferplatte sein oder auch nur aus Kupferringen oder Kupferblättchen bestehen. Wichtig ist jedoch, dass jeder Katalysator nur dann funktioniert, wenn er entsprechend gereinigt ist. Der Abfindungsbrenner kann sich durch ein gut gereinigtes Brenngerät viele Vorteile des Katalysators zu Nutze machen. Im Sinne der Qualitätsproduktion und der Einhaltung der gesetzlichen Vorgaben ist die Verwendung eines Katalysators, wo es rechtlich erlaubt ist, sinnvoll.

Steuerungen zur Automatisierung

Trends in der technologischen Entwicklung weisen auf Anlagen hin, die in Zukunft vollständig regelbar und steuerbar sind. Derzeit werden solche Anlagen aufgrund der Anschaffungskosten nur bei großen Brennern verwendet. Denkt man an eine elektronische Regelung mit späterer PC-Überwachung, sind die Grundlagen der Destillation zu beherrschen, es sollte zudem eine gehörige Portion Erfahrung vorhanden sein. Sinn machen elektronische Regelungen in erster Linie bei Kolonnenanlagen. Das Ziel jeder Steuerung ist es, standardisierte Vorgänge in der Brennanlage zur Qualitätsverbesserung reproduzierbar zu machen. Jede Regelung kann aber immer nur so gut sein wie die Informationen, die der Brenner dieser Regelung hinterlegt. Dazu muss man bestimmen, welche

Werte man messen möchte und in welche Beziehung diese Werte gebracht werden sollen. Die wichtigsten Werte sind:

– Wasserbadtemperatur
– Maischetemperatur
– Helmtemperatur
– Temperatur auf jedem einzelnen Boden der Kolonne
– Geistrohrtemperatur
– Geistrohrdurchlaufmenge
– Wassertemperatur am Dephlegmatoreingang und -ausgang (wenn vorhanden)

Sicherheitstechnisch sind zu überwachen:
– die Temperatur des Kühlers
– die Eingangstemperatur des Dephlegmators (wenn vorhanden)
– die Wasserbadtemperatur

Einer der wichtigsten Parameter ist sicherlich die Wasserbadtemperatur. Sie regelt die Energiezufuhr in der Maische. Zu hohe Temperaturen verursachen Aromaverluste, zu niedrige Temperaturen bringen einen „Kochgeschmack" durch Verkochen der Aromen mit sich. Der geübte Brenner steuert ja auch ohne Elektronik seine Brennerei durch die geregelte Zufuhr an Energie (Holz). Elektronische Regelsysteme mit vorgegebenen Daten sind nun deutlich genauer in der Lage, diese Temperaturzufuhr entsprechend zu steuern. Damit kann auch der Flüssigkeitsstrom sehr genau eingestellt werden. Geräte, die nur über die Messung des Flüssigkeitsstromes arbeiten, sind deutlich teurer als solche, die mit Temperatursteuerungen arbeiten. Auch sind die Durchflussparameter nicht so genau einzustellen und differieren bei nicht homogenen Maischen. All diese gespeicherten Daten können nun in Diagrammen abgelesen und – was für den Brenner wichtig ist – gespeichert und später nochmals bearbeitet werden. Auch das Brennen des nächsten Kessels kann man mit den gespeicherten Einstellungen durchführen.

Versuche mit solchen Regelungen lassen erst das Potenzial erahnen, das an Qualitätsarbeit für den Edelbrand zu leisten ist. Bei durchgeführten Versuchen war es möglich, nur durch die Veränderung von einigen Zehntelgraden ein anderes Produkt zu erzielen. Bisher bewegen wir uns im 5-°C-Bereich, und derartige Steuerungen werden zeigen, welches Potenzial der Edelbrand wirklich zu bieten hat.

Elektronische Steuerung Desticontrol

Erhitzungsarten bei Brenngeräten

Die Unterscheidung der Brenngeräte erfolgt neben der physikalischen Destillationstechnik auch nach der Erhitzungsart. Die Unterscheidung der Brenngeräte durch die Erhitzungsart ist dabei bei weitem die häufigste. Unterschieden wird zwischen der direkten Beheizung und einer indirekten Befeuerung.

Brenngeräte mit direkter Befeuerung

Bei diesen einfachen Brenngeräten ist die Brennblase direkt vom Feuer umgeben. Diese klassischen Brenngeräte sind immer seltener bei Qualitätsproduzenten anzutreffen. Die Gründe dafür sind mannigfaltig und besonders durch den erhöhten Arbeitsaufwand der Überwachung zu erklären. Aufgrund der Schwierigkeiten bei der Überwachung sind derartige Geräte für die Qualitätsproduktion nur bedingt geeignet. Dies ist auf die sofortige Reaktion bei Wärmeveränderungen zurückzuführen, denn der Puffer, wie er bei allen anderen Brenngeräten gegeben ist, fehlt hier vollständig. Gleichzeitig neigen diese Brenngeräte durch lokale Überhitzungen der Maische sehr leicht zu An- und Verbrennen der Maische, was zu Fehltönen im fertigen Brand führen kann. Werden noch direkt befeuerte Brenngeräte verwendet, so ist auf ein beständiges Rühren der Maische zu achten, um Anbrenntöne zu verhindern. Gleichzeitig ist auf eine gleichmäßige Temperatur zu achten, um große Temperaturschwankungen zu vermeiden. Dies gilt besonders für den Feinbrand, bei dem jegliche Art von Temperaturschwankungen vermieden werden sollten.

Brenngeräte mit indirekter Beheizung

Flüssigkeitsbadbrenngeräte: Das Prinzip der indirekten Beheizung der Blase mit heißem Wasser oder Öl wird heute in den meisten Brennereien verwendet. Bei dieser Art von Brenngeräten ist ein Anbrennen sehr unwahrscheinlich, die Erhitzung ist von großer Gleichmäßigkeit. Üblicherweise ist Wasser der Temperaturträger. Einzelne Hersteller bieten auch mit Öl gefüllte Anlagen an. Die Trägheit des Öles soll von Vorteil sein. Aus Umweltgründen ist allerdings von derartigen Anlagen abzuraten. Bei Flüssigkeitsbadbrenngeräten befindet sich die Blase in einem Druckgefäß, das zu mehr als der Hälfte mit Wasser gefüllt ist. Dieses Gefäß ist druckdicht verschlossen, um keinen Dampf entweichen zu lassen. In das Wasserbad ist ein Feuerungsraum eingeschoben, der vom Wasser gleichmäßig umspült ist. Das Wasser erhitzt sich somit gleichmäßig und überträgt die freiwerdende Hitze auf die umspülte Maische.

Dieses System hat den Vorteil, eine gleichmäßige Erhitzung zu ermöglichen und Temperaturschwankungen durch die Pufferkapazität des Wassers auszugleichen. Je größer das Wasserbad ist, desto träger wird der Kessel und desto geringer sind Temperaturschwankungen während des Brennens. Dadurch sind lokale Überhitzungen, die ein Anbrennen verursachen, nur noch sehr schwer möglich. Wer jedoch glaubt, dass ein Anbrennen in einem Wasserbadkessel unmöglich ist, der sollte bei der Verarbeitung eines stärkehaltigen Produktes Acht geben. Die Stärke kann sich an der Kesseloberfläche anlegen und ebenfalls anbrennen. Der sich im oberen Bereich befindliche Dampf weist eine höhere Temperatur auf als das darunter liegende Wasser, wodurch eine Verwirbelung innerhalb der Maische möglich ist.

Erhitzungsmöglichkeiten des Wasserbades:
– feste Brennstoffe
– flüssige Brennstoffe
– gasförmige Brennstoffe
– elektrisch

Bei allen genannten Erhitzungsmethoden ist die Wirtschaftlichkeit und der Arbeitseinsatz zu bedenken. Soll der Kessel für kurze Zeiten unbeaufsichtigt verbleiben können, so sind Gas oder Öl zu bevorzugen. Elektrisch gesteuerte Brennereien bieten den Komfort der Elektrizität, allerdings sind die Kosten sehr hoch, wodurch derartige Brenngeräte nur für den Hobbyproduzenten interessant sind. Die Erhitzungsart hängt vom jeweiligen Betrieb ab und ist mit der Brenngerätefirma zu besprechen.

Dampfbrenngeräte unterscheiden sich von den Wasserbadbrenngeräten dadurch, dass die gesamte Oberfläche der Blase oder die Flüssigkeit über eine Schlange oder über Heizplatten direkt mit Dampf (anstelle von Wasser und Dampf) beheizt wird. Die Breite des Dampfraumes beträgt nur wenige Zentimeter, wodurch sich Änderungen der Dampfzufuhr sofort auf die Maische auswirken. Diese Beheizungsart ist deshalb die am genauesten steuerbare. Vereinzelt wird die Dampfleitung sogar direkt in die Maische eingebracht, was eine sehr schnelle Maischeerhitzung bei Großanlagen ermöglicht. Besonders zu empfehlen ist dies bei speziellen Feinbrandkesseln, da damit eine optimale Steuerbarkeit der einzelnen Fraktionen gegeben ist. Dampfbrenngeräte benötigen einen Dampfkessel, der gewissen Sicherheitsbestimmungen unterliegt. Diese sind bei den jeweiligen Gebietsbehörden zu erfragen.

Technik der Destillation

Um ein qualitativ hochwertiges Produkt zu erzielen, sind während des Destillationsvorgangs verschiedene Punkte zu beachten. Während der Destillation werden aus vielen sehr guten Produkten fehlerhafte Produkte, die nur auf mangelnde Genauigkeit und Unkenntnis zurückzuführen sind. Die Technik der Destillation entscheidet über die Reinheit und Sauberkeit eines Brandes. Zur Erzielung eines Qualitätsbrandes ist es mit einfachen Brenngeräten ohne Verstärkungseinrichtungen notwendig, den Brand einer zweimaligen Destillation zu unterziehen, um eine Reinigung und die Abtrennung unerwünschter Stoffe zu ermöglichen und durchzuführen. Die traditionelle Destillation erfolgt in zwei Schritten, wobei das Gewinnen des Alkohols aus der Maische als Raubrand und die nochmalige Reinigungsdestillation als Feinbrand bezeichnet werden.

Raubrand

Der Begriff Raubrand kommt vom rauen (rohen) Brennen der Maische. Der Raubrand hat die Aufgabe, den gesamten Alkohol, der sich in der Maische befindet, zu gewinnen. Dabei wird nicht unterschieden zwischen „guten" und „schlechten" Alkoholarten.

Durchführung: Für den Raubrand wird die vergorene Maische in die Brennblase gefüllt und erhitzt. Während des Erhitzungsvorgangs sollte die Maische regelmäßig gerührt werden, um eine möglichst gleichmäßige Temperaturverteilung zu erzielen. Bei ungefähr 70 °C Maischetemperatur beginnen die ersten Stoffe dampfförmig zu entweichen, die allerdings noch im Helm kondensieren und wieder in die Maische zurücktropfen. Erst bei Temperaturen zwischen 75 und 78 °C sind die dampfförmigen Stoffe in der Lage, bis in das Geistrohr vorzudringen.

Die Erhitzung kann unter hohen Temperaturen erfolgen. Erst wenn der heiße Dampf im Geistrohr bis zur Kühlerbiegung vorgedrungen ist, wird die Hitze reduziert, um eine gleichmäßige Alkoholabtrennung aus der Maische zu ermöglichen. Bis zu diesem Zeitpunkt, wo die Maische zumeist von alleine in Bewegung ist, sollte immer wieder gerührt werden. Elektrische Rührwerke sollten von diesem Zeitpunkt weg noch etwa 5 Minuten eingeschaltet bleiben. Zu diesem Zeitpunkt wird auch das Kühlwasser eingesetzt, um den Dampf zu kondensieren. Moderne Brennereien arbeiten mit Temperaturfühlern, die selbsttätig den Wasserdurchfluss öffnen.

Durchschnittlich beginnt der Raubrand bei einem Alkoholgehalt zwischen 30 und 50 % Vol. Dieser Alkohol ist zu sammeln, ohne Teile wegzunehmen. Nach ungefähr ein bis zwei Stunden ist der Alkoholgehalt auf einen Wert um 20 % Vol. gesunken. Diese Zeit ist abhängig von der Intensität der Beheizung und der Menge der eingefüllten Maische. Hier beginnt dann die erste Verkostungstätigkeit, um den Punkt, bei dem kein Aroma mehr im Brand ist, nicht zu versäumen und schon von vornherein Fuselalkohole im Raubrand zu vermeiden.

Die Verkostung erfolgt nur auf Fruchtaromen und einen säuerlichen Geschmack nach dem Nachlauf. Sind keine Fruchtaromen mehr vorhanden, so ist der Brand „abzureißen", das heißt zu entleeren und neu zu füllen. Die irrige Meinung, soweit als möglich herunterzubrennen, führt zu eher scharfen und unsauberen Bränden. Der richtige Zeitpunkt des Wechselns ist dann gegeben, wenn kein Aroma mehr vorhanden ist, egal ob die Maische 18 oder 10 % Vol. enthält. Die dadurch erlittene Minderausbeute wird durch den Zeit- und Heizmaterialgewinn vollständig wettgemacht, so dass dem Brenner durch das frühe Abreißen kein wirtschaftlicher Schaden entsteht, wohl aber die Qualität deutlich verbessert wird. Unter 10 % Vol. erfolgt weiter eine deutliche Verdünnung des Raubrandes mit Wasser, wobei dieser Wasserdampf viele höhersiedende Alkohole und Fettsäuren, die im fertigen Brand zu Aromabeeinträchtigungen führen können, mitreißen kann.

Falls bereits beim Raubrand ein Fehlgeruch oder Fehlgeschmack zu erkennen ist, so ist der Raubrand schon jetzt zu behandeln, denn aus einem fehlerhaften Raubrand ist es nicht mehr möglich, ein Qualitätsdestillat herzustellen.

Feinbrand

Durch das zweite Brennen des entstandenen Raubrandes wird eine Verstärkung des Alkohols ermöglicht. Gleichzeitig ist mit dieser Verstärkung auch eine Reinigung des entstandenen Alkohols zu bewerkstelligen.

Die Raubrände werden gesammelt. Grundsätzlich gibt es zwei Arten des zeitlichen Abbrennens, die nach der neuen Brennzeitenregelung entweder dazwischen oder nach dem Raubrand durchgeführt werden. Letztere Variante, das heißt, nachdem die ganze Maische abgebrannt wurde, ist zu bevorzugen, da die Raubrandmenge schon feststeht und eine gleichmäßige Verteilung auf die verschiedenen Kessel möglich ist. Je nach Größe der Brennblase und Alkoholgehalt der Maische ergeben drei bis fünf Kessel Raubrand einen Kessel Feinbrand. Für einen guten Brand muss der zweite Erhitzungsvorgang deutlich langsamer und vorsichtiger vor sich gehen als die Durchführung des Raubrandes. Dies deshalb, weil die einzelnen Aromastufen und Aromakomponenten einerseits empfindlicher und andererseits viel flüchtiger sind. Gleichzeitig befinden sich in der Flüssigkeit nur noch Wasser-Alkohol und Aromamischungen. Je nachdem, welcher Ton gewünscht wird, wählt man die Siedetemperatur. Diese differenzierte Trennung und ein sauberes Arbeiten führen dann letztendlich zu einem guten Brand.

Durchführung: Nachdem, wie schon eingangs beschrieben, die einzelnen Aroma- und Alkoholkomponenten bei unterschiedlichen Temperaturen zu sieden beginnen, ist der Feinbrand sehr vorsichtig zu destillieren. Gleichzeitig unterteilt sich der Feinbrand in die verschiedenen Fraktionen, die genau zu unterscheiden sind. Die Brennblase wird soweit als möglich mit Raubrand gefüllt. Bei Kleinmengen ist oftmals ein vollständiges Befüllen der Brennblase mit Raubrand nicht möglich. Um nun den Kessel zu schützen und die Alkoholausbeute so gleichmäßig wie möglich zu gestalten, sollten solche Kleinmengen mit Wasser aufgefüllt werden, wobei eine Mindestfüllmenge von 50 % des Füllvolumens anzustreben ist. Diese Raubrandmenge wird dann so gleichmäßig wie möglich erhitzt, um eine genaue Trennung der einzelnen Fraktionen zu ermöglichen. Beim Feinbrennen sind Wasserbadkessel zu bevorzugen, da sie eine gleichmäßige Wassererwärmung und Wärmeübertragung gewährleisten. Dies wirkt sich allerdings bei zu hohen Temperaturen durch eine langsamere Abkühlung negativ aus. Die Unterscheidung der einzelnen Fraktionen hängt mit den unterschiedlichen Siedepunkten der einzelnen Inhaltsstoffe zusammen, wobei die negativen Stoffe durchwegs im vorderen und hinteren Bereich des jeweiligen Feinbrandes zu finden sind. Diese Fraktionen sind demnach auch nach ihren Zeitpunkten des Auftretens unterteilt. (Siehe „Fraktionen eines Feinbrandes").

Brennen mit Feinbrennaufsatz

Die Arbeit mit einem Feinbrennaufsatz ist dem Feinbrennen sehr ähnlich. Je nach verwendeter Kolonne sind allerdings die Möglichkeiten der Steuerung und Kontrolle sowie auch die Fehlerquellen vielfältiger. Die meisten Hersteller verwenden in ihren Kolonnen Glockenböden, wobei der aufsteigende Dampf an der Glocke kondensiert und nach außen auf den Boden abfließt, wo dann mit einem Schieber der Flüssigkeitsstand reguliert werden kann. Der nachfolgende heiße Dampf erhitzt diese Flüssigkeit, so dass sie wiederum zu kochen beginnt und neuerlich in den nächsten Boden aufsteigt. Am höchsten Punkt befindet sich dann der Dephlegmator, der mit warmem oder heißem Wasser gefüllt wird und erst ab einer gewissen Arbeitstemperatur den Dampf in den Kühler weiter lässt. Verbleibt in diesem Aufsatz der Alkohol zu lange, das heißt, wird zu kühl gearbeitet, so kann es zu einem Verkochen der Aromen kommen. Erfolgt der Abtrieb zu schnell, so ist das Ergebnis in der Sauberkeit nicht zufriedenstellend. Gewöhnlich wird je nach gewünschter Reinigung und Obstart eine Einstellung der Böden erfolgen.

Die Hersteller der Brenngeräte empfehlen immer ein Schließen der Böden von unten nach oben. Eigene Erfahrungen haben zu sehr guten Ergebnissen geführt, wenn die Böden auch von oben nach unten geschlossen wurden. Vor allem bei sensiblen Aromen konnten damit ausgezeichnete Ergebnisse erzielt werden. Grundsätzlich gilt hier jedoch, dass erst nach einiger Erfahrung die Kolonne entsprechend verwendet werden kann. Ein Allgemeinrezept ist nicht möglich. Kurse zum Umgang mit der Kolonne sind in diesem Fall sicher sehr hilfreich. Während der Destillation erfolgt wie beim Feinbrennen eine Fraktionierung des Alkohols. Die einzelnen Mengen sind im Vergleich zum Feinbrand jedoch deutlich geringer, da hier ja nur ein Kessel mit Maische destilliert wird.

Erzielung besonders reiner Brände

Je reiner der Brand werden soll, umso mehr Böden sind geschlossen zu halten beziehungsweise umso höher muss der Flüssigkeitsstand in den einzelnen Böden sein. Je kälter die Dephlegmator-Eingangstemperatur ist, desto länger verbleibt der Alkohol im Feinbrennaufsatz. Damit wird er sauber, aber das Risiko des Verbrennens von Aromen steigt.

Fraktionen eines Feinbrandes

Der Feinbrand ist in verschiedene Alkoholfraktionen unterteilt, die von verschiedener Zusammensetzung sind und nach ihren Zeitpunkten des Auftretens – Vorlauf, Mittellauf und Nachlauf – benannt sind.

Vorlauf

Der Vorlauf besteht zum größten Teil aus Isoamylalkohol und Ethylacetat. Dieser Abschnitt, der sich in einem fertigen Brand mittels stechender Töne bemerkbar macht, ist nicht nur qualitätsstörend, sondern sogar giftig. Isoamylalkohol greift, in verstärktem Maße genossen, das Gehirn an und kann bei regelmäßigem Konsum sogar zur Erblindung führen. Wegen all dieser Nachteile ist der Vorlauf unbedingt vom Brand zu entfernen. Dies ist sehr einfach möglich, da der Vorlauf einen sehr niedrigen Siedepunkt hat, der knapp unter dem von Trinkalkohol liegt. Daher kommt er vor dem Mittellauf und ist leicht durch eine sensorische Kontrolle abtrennbar. Elektronische Vorlaufabscheidungsvorrichtungen sind nicht genügend ausgereift. Gleichzeitig befinden sich im Vorlauf auch die meisten leichtflüchtigen Gärungsnebenprodukte. Diese negativen Aromakomponenten sind als Aceton, Essigsäure und Acetaldehyd bekannt. Alle drei Geruchsstoffe sind in Lösungsmitteln und Klebstoff zu finden, weshalb dieser Teil des Brandes oftmals als Klebstoffton bezeichnet wird. Die Abtrennung desselben sollte so genau als möglich erfolgen, denn schon kleinste Mengen sind im fertigen Brand zu erkennen. Die Abtrennung kann nur nach sensorischen Gesichtspunkten durchgeführt werden, da die einzelnen chemischen Vorlaufabtrennungstests gut, aber nicht völlig ausreichend arbeiten.

Für die **sensorische Vorlaufabtrennung** sind die ersten drei Prozent der Gesamtfüllmenge in Gläser mit einem Füllinhalt von 250 Milliliter aufzutrennen. Dieser starke Alkohol wird in Kostgläsern zurück verdünnt. Die einfachste Art der Rückverdünnung erfolgt mittels Pipette, wobei in den meisten Fällen 10 Milliliter Branntwein und 12 Milliliter Wasser einen Brand mit etwa 40 %Vol. ergeben. Das Wasser zur Rückverdünnung sollte lauwarm sein, um die Fehler deutlicher zu erkennen. Anschließend werden dann alle auf diese Art rückverdünnten Proben durchgerochen, das heißt vom ersten bis zum zwölften Glas in ansteigender Reihenfolge. Ist dies geschehen, werden alle Gläser in umgekehrter Reihenfolge nochmals durchgerochen. Nach diesem Vorgang können dann die am stärksten riechenden und in der Nase sehr stark stechenden Gläser ausgeschieden werden. Zumeist verbleiben dann drei bis vier weitere Gläser, die genau zu testen sind. Jenes Glas (und alle davor), das noch einen stechenden Ton aufweist, ist auszuscheiden, alle Gläser darüber sind zu verwenden.

Vorlauf schmeckt scharf und brennt

Ein Verkosten der einzelnen Brände in den vorbereiteten Gläsern kann oft Aufschluss darüber geben, ob noch Vorlauf vorhanden ist. Wenn Vorlauf im Glas ist, schmeckt der Brand auf der Gaumenplatte scharf und brennt dort auch dementsprechend.

Der Punkt der Abtrennung ist mit einiger Übung sehr genau zu erkennen und für den Fachmann deutlich feststellbar. Gewöhnlich beträgt die abzutrennende Menge ungefähr zwei Prozent des Gesamtfüllvolumens, wobei diese Prozentangabe nur als Richtwert und nicht als Fixpunkt dienen soll. Die abzutrennende Menge variiert je nach Enzym, Obstart und Pektinreichtum der Früchte im Verarbeitungsjahr. Gleichzeitig wirken Gärfehler ebenfalls vorlaufsteigernd, was bei der Vorlaufabtrennung zu berücksichtigen ist. Dieses Verkosten des Vorlaufs sollte bei jedem ersten Feinbrand durchgeführt werden. Der entstandene und abgetrennte Vorlauf darf unter keinen Umständen mehr in das Brenngerät gelangen, sondern sollte anderweitig verwendet werden. Als Verwendungsmöglichkeiten bietet sich die Frostschutz- und Reinigungswirkung dieses hochkonzentrierten Alkohols an. Dieser Vorlauf darf auch nicht, wie es vereinzelt in bäuerlichen Betrieben üblich ist, wieder in die Maische rückgeschüttet werden.

Vorlaufabtrennung

Mittellauf

Nach der sachgemäßen Abtrennung des Vorlaufs folgt der Mittellauf. Der Mittellauf besteht gewöhnlich aus reinem Ethylalkohol, der für Trinkzwecke sehr gut geeignet ist. Der Mittellauf ist ebenfalls sehr vorsichtig zu destillieren, um keine Fuselalkohole und negative Aromastoffe in den fertigen Brand einzubringen. Im Mittellauf befinden sich beinahe alle wertvollen Aromastoffe. Deshalb ist beim Mittellauf auf eine besonders gleichbleibende Temperatur und möglichst geringe Druckschwankungen beim Brennen zu achten. Werden alle diese Grundsätze, wie sorgsames und nicht zu schnelles Brennen beim Mittellauf, beachtet, so ist eine saubere Abtrennung des „guten Alkohols" und eine saubere Trennlinie zwischen Mittel- und Nachlauf möglich.

Der Mittellauf beginnt nach dem Vorlauf, der immer in einer beinahe gleichbleibenden Menge abzutrennen ist. Die Abtrennung des Nachlaufs ist bei weitem schwieriger und von Kessel zu Kessel verschieden. Gewöhnlich gilt als Fixpunkt ein Alkoholgehalt von ungefähr 50 % Vol. der nicht unterschritten werden soll. Dieser Alkoholgehalt schwankt allerdings je nach Brand und Jahr. Vereinzelt ist als Ende schon ein Alkoholgehalt von knapp unter 60 % Vol. mit Nachlaufaroma versetzt.

Das **Nachlaufaroma** kann nur durch regelmäßige Verkostung während des Brennens erkannt werden. Diese Verkostung darf allerdings nicht glasweise erfolgen, sondern nur durch kurzes Eintauchen eines Fingers in den Brand und anschließendem Verkosten. Solange noch ein deutliches Fruchtaroma zu erkennen ist, sind keine oder nur kleinste Nachlaufmengen im Destillat.

Nachlauf

Der Alkohol, der das Brenngerät unter dem im Abschnitt „Mittellauf" beschriebenen und ermittelten Fixpunkt verlässt, wird Nachlauf genannt. Der Nachlauf ist durch einen besonders hohen Anteil an Fuselölen, höheren Fettsäuren und deren Estern gekennzeichnet. Diese Stoffe, die bei Verkostungen als scharfe und stechende Töne zu erkennen sind, werden als Branntweinschärfen bezeichnet. Gleichzeitig ist bei diesem Alkoholgehalt ein säuerlicher, metallischer Ton zu erkennen, der als Blasengeschmack bezeichnet wird. Dieser Abschnitt des Feinbrandes wird gesammelt und einem dritten Brennvorgang zugeführt. Dieses dritte Brennen kann entweder getrennt erfolgen, wenn größere Mengen vorhanden sind, oder auch beim nächsten Feinbrand der gleichen Sorte dazugegeben werden. Bei diesem dritten Brennen ist wiederum in die einzelnen Fraktionen zu trennen, wobei bei einem reinen Nachlaufbrand der Nachlauf aufgrund seines enorm hohen Fuselölanteils entfallen kann und unter 55 % Vol. verworfen werden sollte. Die Aufteilung auf der nächsten Seite soll nur als grober Anhaltspunkt dienen und ist von Obstart zu Obstart verschieden.

War die Maische fehlerfrei und hat die Trennung der einzelnen Fraktionen funktioniert, so sind für einen Qualitätsbrand bereits die meisten Schritte getan. Sollten allerdings schon fehlerhafte Raubrände weitergebrannt worden sein oder sind beim Feinbrennen Fehler aufgetreten, so sind diese Destillate nicht als Qualitätsbrand zu vermarkten und entsprechen nicht der Qualität. Die meisten Fehler, die in Obstbränden auftreten, sind nicht oder nur sehr schwer zu beheben. (Siehe Kapitel „Mögliche Fehler des Destillates und deren Beseitigung".)

Durchschnittliche Aufteilung von 100 Liter Apfelraubrand

Fraktion	Ausbeute	Alkoholgehalt
Vorlauf	2 Liter	ca. 78 % Vol.
Mittellauf	30 bis 35 Liter	ca. 65 % Vol.
Nachlauf	20 bis 25 Liter	ca. 25 % Vol.
Blasenrückstand	40 bis 45 Liter	ca. 3 % Vol.

Arbeitssicherheit beachten
Die Herstellung von Edelbrand birgt verschiedene Gefahren. Nicht nur beim Destillieren selbst, sondern auch das Zerkleinern der Früchte und die Gärgasentwicklung bei der Maische können gefährlich sein. Nützliche Hinweise sind im Anhang unter „Arbeitssicherheit" zu finden.

Mögliche Fehler und deren Beseitigung

Sollten schon fehlerhafte Raubrände weitergebrannt und nicht verworfen worden sein oder sind erst beim Feinbrennen mögliche Fehler aufgetreten, so erhält man ein fehlerhaftes Destillat. Viele Fehler treten allerdings nicht sofort auf, sondern sind oftmals erst nach einer gewissen Lagerungs-

zeit zu erkennen. Die meisten Fehler in Destillaten sind nur durch Geschmacks- und Aromaeinbußen zu beseitigen, wodurch kein Qualitätsdestillat mehr herstellbar ist.

Sichtbare Fehler

Sichtbare Fehler sind jene, die im Schnaps schon deutlich zu erkennen sind. Diese Fehler, die auch ein Laie erkennt, sind noch am leichtesten zu verhindern. Sichtbare Fehler treten immer in Form von Verfärbungen und Trübungen auf.
Trübungen durch Härtebildner: Diese Trübungen entstehen durch Kalzium und Magnesium in fast allen Destillaten. Sie äußern sich durch weiße Flocken oder in Form eines weißen Niederschlags. Sie sind nach einer intensiven Kühllagerung einfach abzufiltrieren. Diese Trübungen treten immer beim Herabsetzen auf Trinkstärke auf und sollten beim Brenner kein Grund zur Beunruhigung sein.
Schwermetalltrübungen zeigen sich in leichten

Verfärbungen bis hin zu starken Trübungen. Sie treten in den verschiedensten Farben auf, wobei zumeist blau und grün überwiegt, was auf das Kupfer zurückzuführen ist. Verdunkelungen in Richtung schwarz deuten auf Eisen hin, das vielfach durch eiserne Vorlagen und eisenhältiges Wasser in das fertige Destillat gelangt. Kupfer und Eisen bilden mit den Härtebildnern Kalzium und Magnesium teilweise nur schwer entfernbare Verbindungen. Diese Verbindungen müssen wiederum sehr stark gekühlt und abfiltriert werden.

Unsichtbare Fehler

Unsichtbare Fehler treten zumeist durch Fehlgärungen oder durch falsche Schritte beim Brennen auf. Vereinzelt werden diese Fehler nur von gut ausgebildeten Verkostern wahrgenommen. Andere Fehler riechen oder schmecken sehr intensiv und verderben somit jeden Brand.

Buttersäurestichige Destillate treten vor allem bei warmer Witterung und hohen pH-Werten auf. Die Destillate erinnern im Geruch und Geschmack an ranzige Butter. Die Wiederherstellung solcher Destillate ist nicht möglich. Dieser Fehler ist durch eine saubere Maischeansäuerung allerdings sehr leicht zu verhindern.

Milchsäurestich: Obgleich die Milchsäure in der Maische bleibt, sind solche Destillate in Geruch und Geschmack soweit verändert, dass eine Wiederherstellung nicht möglich ist. Dies ist auf die vielen Gärungsnebenprodukte der Milchsäurebakterien zurückzuführen. Ein Milchsäurestich ist ebenso wie ein Buttersäurestich nur durch eine Esterspaltung zu beseitigen, wodurch ein völlig neutrales Destillat entsteht, das nur als Alkohol für Einreibezwecke verwendet werden kann. Im bäuerlichen Rahmen ist die Esterspaltung allerdings zu aufwendig, um wirtschaftlich angewandt zu werden.

Acroleinstich: Werden bitter gewordene Maischen destilliert, so zerfällt die bittere Gerbstoff-Acroleinverbindung wieder in ihre Ausgangssubstanzen, wobei Acrolein in allen Destillatfraktionen erscheint. Durch die aggressive, schleimhautreizende, an Tränengas erinnernde Substanz wird das Destillat vollkommen verdorben. Ein Acroleinstich ist durch eine wirkungsvolle Ansäuerung der Maische zu unterbinden. Vielfach sind die Maischen, die einen Acroleinstich aufweisen, nicht mehr fertig destillierbar. Der Acroleinstich kann durch eine gute Belüftung im Laufe der Zeit verschwinden.

Metallgeschmack: Destillate mit einem kratzenden bitterherben Geschmack weisen zumeist einen Metallgeschmack auf. Dieser ist auf den Kontakt mit verschiedenen Metallen zurückzuführen. Ein Metallgeschmack ist durch ein Umbrennen beseitigbar, was allerdings Aromaverluste mit sich bringt.

Steingeschmack findet sich mehr oder weniger in allen Steinobstdestillaten. Die Ursache dafür, wenn der Steingeschmack überwiegt, liegt meist in einer zu weit reichenden Zerstörung der Steine. Dabei wird Amygdalin frei, das auf enzymatischem Weg in Glucose, Benzaldehyd und Blausäure gespalten wird. Benzaldehyd und Blausäure erinnern an bittere Mandeln, weshalb dieser Ton auch als Bittermandelton bezeichnet wird. Ein Steingeschmack ist nur durch einen intensiven chemischen Einsatz zu entfernen, wobei das Destillat nur noch für mindere Zwecke geeignet ist. Gewöhnlich ist eine Entfernung wirtschaftlich nicht empfehlenswert. Sollte ein sehr starker Steingeschmack im Produkt wahrnehmbar sein, so kann dies eventuell auch zur höheren Werten in der Analyse führen.

Aus diesem Grund sollten die Steine immer vor der Destillation weitestgehend abgetrennt werden. **Brenzliger Geschmack** ist zurückzuführen auf lokale Überhitzungen während des Brennvorganges. Die dabei gebildeten Zersetzungsprodukte von Zucker verleihen dem Destillat einen brenzligen, bitteren Geschmack. Solche Destillate sind nicht mehr reparabel und können nur noch entaromatisiert und für die Weiterverarbeitung verwendet werden.

Nur hochwertige Brände verkaufen

Grundsätzlich gilt, dass fehlerhafte Brände nicht in Verkehr gesetzt werden sollten, um dem eigenen Ruf nicht zu schaden. Besser einmal einen schlechten Brand wegschütten, als nie mehr einen guten verkaufen können.

Entsorgung von Abwässern und Abfällen

Die Regelung der korrekten und umweltfreundlichen Entsorgung von Rückständen aus der Lebensmittelproduktion unterliegt dem Bund, Land und der einzelnen Gemeinde. Damit ergeben sich sehr unterschiedliche Anforderungen und Möglichkeiten für den Einzelbetrieb. Um diesen Punkt und die dementsprechenden Vorgaben verstehen zu können, ist eine Kenntnis der ausgebrannten Maische sowie der einzelnen anfallenden Rückstände notwendig. Zu entsorgen sind bei der Brandproduktion Maische, Lutterwasser und Reinigungsabwasser.

Die **Maische** selbst besteht nur aus zerkleinertem Obst und den daraus resultierenden Gärprodukten. Der Alkoholgehalt ist zumeist auf einen Restalkoholgehalt von weniger als 0,5 % Vol. reduziert. Der pH-Wert der Maische liegt gewöhnlich zwischen 3,1 und 3,5, was die vorhergehende Neutralisation notwendig macht. Der überwiegende Anteil der Maische ist fest (obwohl insgesamt eine flüssige Struktur erkennbar ist) und gelangt somit nicht ins Grundwasser. In der Maische sind keine Chemikalien zu finden. Soweit der Grundausgangswert. Allerdings ist der flüssige Anteil durch den niedrigen pH-Wert der Säuren sowie dem Restalkoholgehalt für die Natur entsprechend schädlich. Der erfahrene Brenner, der seinen Maischebottich einmal in freier Natur entleert hat, weiß, dass dort einige Zeit kein Gras mehr wächst. Durch den hohen Anteil an biologischem Material darf die Maische nicht oder nur beschränkt in die öffentliche Kanalisation eingeleitet werden, um ein Kippen der Kläranlage zu vermeiden. Bei kleinsten Maischemengen ist ein Einbringen in die Kanalisation noch vertretbar. Wenn die Maischemenge eine gewisse Menge überschreitet, wird es oftmals problematisch. Hier bieten sich für die sachgerechte Entsorgung nur ein großflächiges Ausbringen auf landwirtschaftliche Kulturflächen nach Neutralisation mit Natronlauge oder ungelöschtem Kalk, ein Ausbringen in Kompostieranlagen und eine Weitervergärung in Biogasanlagen an. Die Einleitung in die öffentliche Kanalisation kann nur dann erfolgen, wenn der pH-Wert zwischen 6,5 und 9,5 und die Temperatur unter 35 °C liegt, bei den meisten Kläranlagen darf auch ein Gesamtkupfergehalt von 1,0 mg/l nicht überschritten werden. Daher ist in diesem Fall eine Rücksprache mit der Gemeinde oder dem Kläranlagenbetreiber notwendig.

Beim Feinbrennen fallen **Lutterwässer** an, die keine organische Feststoffe beinhalten. Allerdings können hier vereinzelt sehr hohe Kupferwerte nachgewiesen werden, so dass eine Ausbringung ohne Verdünnung bedenklich sein kann. Beim Vermischen mit Maische besteht allerdings kein Problem in dieser Richtung.

Die **Reinigungsabwässer** von Brenngeräten, die etwa bei Verwendung von Zitronensäure stark sauer oder bei alkalischen Reinigern stark alkalisch sind, können zumeist direkt in die Kanalisation eingeleitet werden. Wenn alkalische Reinigungsabwässer mit der Maische in Berührung kommen, kann hier schon eine teilweise Neutralisation festgestellt werden.

Maische niemals in Gewässer leiten

Auf keinen Fall darf Maische direkt in ein fließendes oder stehendes Gewässer eingeleitet werden. Besser und langfristig günstiger ist immer noch die Entsorgung in Biogasanlagen sowie eine indirekte Einleitung in den Kanal nach Rücksprache mit der Gemeinde.

Reinigung und Unterhalt der Brennapparaturen

Grundsätzlich ist das Brenngerät nach jedem Brennvorgang sauber zu reinigen. Je nach Lage im Brenngerät sind aufgrund der unterschiedlichen Temperaturen, Formen und Aggregatzustände unterschiedliche Verschmutzungen zu erkennen. In der Brennblase und im Helm haben wir es überwiegend mit Belägen von angeklebter und angebrannter Maische, verkleisterter Stärke, karamellisierten Zuckern und Eiweißverbindungen zu tun. Verstärker und Kühler weisen Fettsäuren, Fuselöle, ätherische Öle, Terpene, Fette, Wachse und Harze auf. Auf den einzelnen Kupferflächen sind unterschiedliche Kupferverbindungen zu finden.

Zwischen jedem Brand sollte ebenfalls eine Reinigung erfolgen. Diese Reinigung, die dazu dient, Ablagerungen, die bei zu hohen Temperaturen anbrennen, zu verhindern, kann mit Wasser durchgeführt werden. Zumeist genügt eine an einen Schlauch angeschlossene Gartenspritze für diese Tätigkeit. Rückstände und Ablagerungen, die in der Blase verbleiben, brennen zumeist an und führen einerseits zu Aromabeeinträchtigungen und sind andererseits nur noch schwer aus der Blase zu entfernen.

Bei der an die Brennsaison anschließenden Generalreinigung ist die gesamte Anlage zu zerlegen und zu reinigen. Besonderes Augenmerk soll dabei der Blase und dem Kühler geschenkt werden, wobei die Verunreinigungen im Kühler von außen zumeist nicht zu erkennen sind. Hier sind vor allem die schwarzen und grauen Niederschläge, die durch schwefelige Verbindungen als Kupfersulfat auftreten, zu entfernen. Gleichzeitig muss man das Kupfer wieder frei bekommen, damit beim Destillieren von Steinobst die Cyanidverbindungen aus dem Brand entfernt werden können. Im Kühler ist auf die vollständige Entfernung der durch die Destillation niedergeschlagenen ätherischen Öle zu achten, damit keine Verstopfung im Betrieb beziehungsweise Geschmacksbeeinträchtigung im fertigen Brand entsteht. Für die Blasen- und Helmreinigung empfehlen sich Laugen oder organische Säuren. Besonders spezielle Reinigungsmittel verschiedener Firmen, die auf enzymatischer Basis die Beläge im Brenngerät entfernen, sind recht gut geeignet. Je blanker die Kupferoberfläche im Brenngerät ist, desto höherwertiger und reiner wird der Brand.

Reinigung mit Zitronensäure

Die Reinigung der Brennerei mit fünfprozentiger Zitronensäurelösung mit Aufheizen und anschließendem Auskühlenlassen der Anlage bringt die besten Erfolge. Dabei wird die Zitronensäure vorher in Wasser gelöst, bis hin zum Kühler alles angefüllt und dann auf etwa 90 °C erhitzt. Das sich ausdehnende Wasser muss abfließen können.

Es ist darauf zu achten, dass bei der Reinigung keine scharfen, das Kupfer beschädigenden Gegenstände eingesetzt werden. Diese Beschädigungen führen zur Bildung von Grünspan im Kessel, der dann wiederum durch organische Säuren während des Brennvorganges gelöst werden kann, was zu Verfärbungen im fertigen Brand führt. Daneben legt sich an diesen Kratzern besonders leicht Stärke an, die dann ebenfalls wieder zum Anbrennen neigt. Zur Reinigung der äußerlichen Teile werden spezielle Kupferreinigungsmittel und Edelstahlreiniger angeboten, wobei Kupfer durch eine heiße Zitronensäurelösung ebenfalls sehr gut gereinigt werden kann.

Die Reinigung der unzugänglichen Teile sollte durch Einweichen in einem laugenhältigen Mittel beziehungsweise mittels „Reinigungsbällen" oder unter ständigem Wasserfluss erfolgen. Für die Reinigung des Geistrohres und des Kühlers sind unbedingt laugenhältige Mittel zu nehmen, da säurehältige Mittel die angefallenen Wachsausscheidungen nicht entfernen können. Weiter sind die durch Härtebildner entstandenen Ablagerungen an der Außenseite des Kühlers mit einer Säurelösung zu zersetzen und mit Wasser gründlich zu spülen. Dies ist deshalb notwendig, da bei geschlossenen Kühlsystemen der Wirkungsgrad des Kühlers deutlich verringert wird. Nach dieser Generalreinigung ist die Anlage wieder zusammenzusetzen.

Generalreinigung

Nach der Generalreinigung sollten die Gläser abgenommen bleiben und der Kessel offen, damit er vollständig austrocknen kann. Dadurch kann eine unerwünschte Schimmelbildung vermieden werden.

Vor der nächsten Verwendung ist ein gründliches Dämpfen empfehlenswert. Dafür wird der Kessel knapp über die Hälfte mit Wasser gefüllt und ohne den Einsatz von Kühlwasser erhitzt. Der entweichende Dampf nimmt nun alle negativen Aromastoffe mit, zeigt undichte Stellen im System und entfernt die letzten Reste an Ablagerungen im Gerät. Dieses Dämpfen sollte auch nach dem Brennen von sehr intensiven Obstbränden oder Kräuterbränden erfolgen.

5.
Lagerung und Fertigstellung

Obstdestillate werden gewöhnlich nach dem Brennen einige Zeit gelagert, da sie im Allgemeinen unfertig und unharmonisch erscheinen. Durch den Brennvorgang sind die meisten Aromastoffe in ihrem Auftreten beeinträchtigt und vielfach gar nicht zu erkennen. Einzelne Aromastoffe entwickeln sich erst während dieser Lagerung oder wandeln sich erst zum gewünschten Aroma um. Deshalb ist auch ein sofortiges Herabsetzen auf Trinkstärke nicht zu empfehlen Unter dem Begriff „Fertigstellung der Destillate" sind verschiedene Vorgänge vom starken Mittellauf bis zur Abfüllung in die Flasche zu verstehen.

Für die Lagerung sind gewöhnlich zwei Punkte zu beachten:
– Luftkontakt
– Wärmeeinwirkung

Beide Komponenten lassen Destillate in kurzer Zeit altern. Positiv wirkt das Altern nur bei Destillaten, die erst nach einer langen Lagerung ihre Qualität entfalten. Destillate mit einem sensiblen Aroma sind nicht derartig zu behandeln, da das Aroma sonst zerfallen würde. Besonders gilt dies für Williamsbrände und Quittendestillate, auf die sich Sauerstoffeinfluss sofort negativ auswirkt.

Zumeist genügt vor dem Herabsetzen auf Trinkstärke eine Lagerung von wenigen Monaten (ein bis zwei Monate). Werden Destillate nicht sofort verkauft, so sollten sie auch weiterhin mit einem hohen Alkoholgehalt gelagert werden. Dies führt zu saubereren Bränden und hilft im Betrieb Lagerraum zu sparen.

Geeignete Lagerbehälter

Die Lagerung kann in beinahe allen lebensmittelechten Behältern erfolgen. Für die Lagerung von Bränden kommen Glas, Edelstahl, Keramik, Holz und alkoholbeständige Kunststoffe in Frage. Je nach Betriebsanforderung, Präsentation und Vermarktung sowie Platzangebot kann der Brenner zwischen diesen Behälterarten wählen. Die zurzeit am häufigsten in Verwendung stehenden Behälter sind Glas- und Edelstahlgebinde.

Glasbehälter

Glasbehälter sind sicherlich die im bäuerlichen Betrieb immer noch am häufigsten verwendeten Behälter. Glasbehälter geben aufgrund der Neutralität von Glas keine Geschmacks- und Geruchsstoffe an den fertigen Brand ab. Glasbehälter, wenn sie hell gelagert werden, fördern die Reife eines Brandes. Als weiterer Vorteil ist die optische Kontrollmöglichkeit des fertigen Brandes zu erwähnen, denn Trübungen sind bereits im Glasbehälter zu erkennen. Nachteile sind der große Platzbedarf und die Gefahr des Zerbrechens. Glasbehälter werden in beinahe allen Dimensionen zwischen 10 und 50 Litern verwendet, wobei für gewöhnlich eine Dimension von 30 Liter als oberstes Limit anzusehen ist, wenn die Behälter noch transportiert werden sollen.

Lagerbehälter

Edelstahlbehälter

Edelstahlbehälter sind ebenfalls geschmacks- und geruchsneutral, wobei sie besonders für größere Mengen in Verwendung sind. Edelstahlbehälter sind für licht- und sauerstoffanfällige Destillate zur Lagerung sehr gut geeignet. Gleichzeitig sind die meisten Edelstahlbehälter stapelbar, was nur einen geringen Lagerraumbedarf mit sich bringt. Edel-

stahl weist als großen Vorteil die beinahe Unzerstörbarkeit auf, was vor möglichen Verlusten durch Bruch schützt. Edelstahlkannen mit 20 bis 200 Litern Füllmenge lösen in vielen Qualitätsbetrieben die Glasbehälter ab. Auch die Auslasshähne dieser Kannen vereinfachen viele Tätigkeiten.

Keramikbehälter

Keramikgefäße sind neben Glas die am längsten in Verwendung stehenden Lagerbehälter. Keramik weist dieselben Vorteile bezüglich Dunkelheit auf wie Edelstahl, hat allerdings den Nachteil, dass Keramik ebenfalls bruchempfindlich ist. Gleichzeitig sind eventuelle Trübungen von außen nicht zu erkennen. Keramikbehälter sind in fast allen Größen bis ungefähr 500 Liter in Verwendung. Neue Keramikbehälter sind wegen der hohen Kosten nur noch in Schauräumen zu empfehlen.

Holzbehälter

Holzfässer sind für die Lagerung von Destillaten nicht mehr weit verbreitet. Holz hat immer den Nachteil, dass der Alkohol die Farb- und Geschmacksstoffe des Holzes herauslöst, was bei Edelbränden beinahe immer einen Farb- und Geschmacksfehler mit sich bringt. Ist der Ton jedoch erwünscht beziehungsweise will der Brenner seinen Kunden mit holzfassgereiften Produkten zum Kauf animieren, so liegt er voll im Trend. Produkte mit einem typischen und sauberen Holzcharakter entsprechen dem Zeitgeist und sind vielfach am Gaumen ein besonderes Erlebnis.

Fasslagerung

Alkoholbeständige Kunststoffbehälter

Diese Behälter werden gewöhnlich zur Lagerung von größeren Mengen an Destillat verwendet, wenn das Destillat auch transportiert werden soll.

Diese Behälter, die teurer als Edelstahl sind, werden hauptsächlich von größeren Betrieben verwendet. Vereinzelt sind sie allerdings immer wieder auch für kleinere Betriebe zu bekommen, wo sie dann sehr wertvolle Dienste erfüllen können. Allerdings ist immer auf die Alkoholbeständigkeit zu achten. Billigbehälter, die nicht alkoholbeständig sind, können durch die aus ihnen herausgelösten Weichmacher beinahe jedes Destillat verderben.

Fertigstellen der Destillate

Das Fertigstellung der Destillate umfasst verschiedene Tätigkeiten, die der Qualitätssteigerung durch Senkung des Alkoholgehalts bis hin zur Stabilisierung und Klärung des fertigen Brandes dienen. Durch verschiedene Maßnahmen und Technologien ist es darüber hinaus möglich, das Destillat noch zu verändern und zu verbessern.
Diese Arbeitsschritte sind:
– ggf. Methanol- und Cyanidgehalte senken
– Enthärtung des Wassers
– Einstellen auf Trinkstärke
– Kühllagerung
– Klärung und Filtration

Methanol- und Cyanidgehalte senken

Die Anforderungen an einen perfekten Edelbrand sind ständig im Wandel. Diesen können sich auch die Erzeuger von Bränden nicht entziehen. Die Sauberkeit ist für viele Produzenten inzwischen selbstverständlich, allerdings werden damit auch oft gute Teile und einzelne Aromaverbindungen entfernt. Durch die Auslotung der Grenzen passiert es immer wieder, dass leichte Destillatfehler, überdeckte oder verschleierte Fruchtaromen oder überhöhte Methanol- und Cyanid-Gehalte in den fertigen Bränden festgestellt werden können. Vor allem erhöhte Methanolwerte und der Gehalt an Cyanid ist durch gesetzliche Bestimmungen geregelt.

Hohe Cyanid-Gehalte kann der Brenner durch Verwendung von Katalysatoren oder chemischen Verfahren vorbeugen.

Der **Methanolgehalt des Destillates** hingegen hängt vom verwendeten Obst ab. Da Methanol beim Brennen nicht im Vor- oder Nachlauf abzutrennen, sondern in allen Fraktionen in annähernd gleichen Konzentrationen enthalten ist, ist eine Reduzierung des Methanolgehaltes bei der Destillation für den Abfindungsbrenner mit den ihm zur Verfügung stehenden Brenngeräten nicht möglich. Bei der herkömmlichen Methode der Oxidation und Lagerung, wo ein Teil des Methanols abgebaut wird, leidet auch das Aroma des Brandes. Dies konnte vor allem bei Williams-Christ-Birne und Quitte sehr deutlich bemerkt werden.

Die Technologie trägt diesem Umstand Rechnung, indem magnetische Metallrohre und ähnliche Varianten die Inhaltsstoffe verändern können. Von all den ausprobierten Verfahren konnte nur das in Italien entwickelte CASCO-System entsprechende Erfolge zeitigen. Das Verfahren beruht auf einer leichten Erwärmung des Destillates, wobei leichtflüchtige Komponenten verdampfen und am speziell geformten, extrem gekühlten Deckel der Anlage kondensieren. In Abhängigkeit von Behandlungstemperatur und Alkoholstärke des Destillates wird der Alkoholgehalt bei Rohdestillaten durch die Behandlung geringfügig, bei herabgesetzten Destillaten um 1 bis 3 % Vol. vermindert. Das Kühlen während der Behandlung zur Qualitätsverbesserung kann bei herabgesetzten Destillaten gleichzeitig als notwendige Vorbereitung für die anschließende Filtration erfolgen.

Ein Kompromiss zwischen Alkoholverlust und Qualitätssteigerung ist sicherlich in der Behandlungsintensität zu finden. Je hochwertiger die Qualität des zu behandelnden Destillates ist, desto tiefer kann die Behandlungstemperatur bei kürzerer Behandlungszeit sein. Entsprechend gering sind dann bei dieser Vorgangsweise die Alkoholverluste. Dieses nicht billige, aber doch effiziente System wird inzwischen von einigen Spitzenbrennern eingesetzt und zeitigt auch entsprechende Erfolge.

Enthärtung des Wassers

Die meisten Mittelläufe weisen einen Alkoholgehalt von über 40 % Vol. auf und müssen nach erfolgter Lagerung auf Trinkstärke eingestellt werden. Dies erfolgt mit Wasser, das einige Mindestanforderungen aufweisen sollte:
– möglichst weich
– keine Schwermetalle
– vollkommen geschmacks- und geruchsneutral

All diese Bedingungen erfüllt destilliertes Wasser, welches am häufigsten verwendet wird, allerdings nicht als das Ideal anzusehen ist. Destilliertes Wasser ist ein „totes Wasser", das zwar die Mindestanforderungen erfüllt, aber nicht in der Lage ist, dem Produkt eine eigene Note zu verleihen. In Gedankenableitung der Whiskyproduktion, wo das

Härtegrade des Wassers

Grad Härte	Bezeichnung
0 bis 4 °dH	sehr weich
4 bis 8 °dH	weich
8 bis 18 °dH	mittelhart
18 bis 30 °dH	hart
über 30 °dH	sehr hart

Wasser das Getränk ausmacht, wäre für uns ein natürliches, weiches Quellwasser als sehr gut anzusehen. Um dies auch ausführen zu können, ist die Kenntnis der Wasserhärte von großer Bedeutung. Die **Wasserhärte** ergibt sich aus dem Gehalt an Kalzium- und Magnesiumsalzen und wird in Grad Härte ausgedrückt, wobei ein Grad Härte einem Gehalt von zehn Milligramm Kalziumoxid pro Liter Wasser entspricht.

Zum Herabsetzen von Destillaten kommt nur sehr weiches Wasser in Frage. Die Salze kann man durch verschiedene Maßnahmen abscheiden beziehungsweise austauschen. Möglichkeiten der Enthärtung von Wasser sind:
– die Destillation von Wasser – Die Methode wirkt gut, ist aber meist zu teuer und unwirtschaftlich.
– Abkochen des Wassers – Diese Methode ist nur für kleine Wassermengen geeignet.
– Teilentsalzung durch Kationenaustauscher – Diese Methode ist die in der Obstbrennerei am häufigsten anzutreffende.

Die beiden erstgenannten Methoden sind aufgrund ihres hohen Energieverbrauchs und der relativ geringen Leistung nur sehr selten anzutreffen und sollten wirklich nur als Notlösung in Frage kommen. Die Teilentsalzung mittels Kationenaustauscher ist die häufigste Art, wobei hier harte Mineralsalzionen gegen weiche ausgetauscht werden. In diesen Geräten befinden sich wasserunlösliche Kunstharze, die an aktiven Stellen leicht abspaltbare Kationen (positiv geladene Ionen) angelagert haben. Beim Kationenaustausch wird nun das zu enthärtende Wasser im Durchlaufverfahren in Berührung gebracht. Dabei werden die Härtebildner an den aktiven Stellen festgehalten und gegen die nicht harten Ionen ausgetauscht. Dadurch verliert das Wasser seine Härtegrade und wird zu weichem Wasser, ohne durch Hitze beeinträchtigt zu werden. Diese weichen Natriumionen bilden nun im fertigen Destillat keine schwerlöslichen Salze und können demnach im Destillat keine Ausscheidungen hervorrufen. Das Austauscherharz kann so lange verwendet werden, bis keine freien Stellen mehr da sind, dann wird es mit Kochsalz regeneriert (Einbringung von Natriumionen). Mit diesen Geräten ist es möglich, stündlich ungefähr 100 bis 120 Liter Weichwasser zu erzeugen. Die mögliche Wassermenge hängt von der Härte des zu bearbeitenden Wassers ab.

Reinigung und Regeneration: Kationenaustauscher werden gewöhnlich mit einer zweiprozentigen Kochsalzlösung regeneriert. Dabei wird die Kochsalzlösung möglichst langsam (0,5 Liter pro Minute) durch den Kationenaustauscher geführt. Dieser Vorgang ist zweimal zu wiederholen. Anschließend wird der Austauscher so lange gespült, bis kein salziger Ton im Wasser mehr zu erkennen ist. Ist der Kationenaustauscher durch Wasserverunreinigungen sehr stark verschmutzt, kann das Austauscherharz entnommen werden, und in einem Kunststoffeimer in 0,5-prozentiger Salzsäurelösung fünf Minuten gereinigt werden. Anschließend ist das Harz mit Wasser zu spülen und mit Kochsalz zu regenerieren. Bei zu starker Verschmutzung sollte das Harz erneuert werden.

sind Tabellen notwendig, die diese Kontraktion bereits miteinbeziehen.

Maßnahmen zum Einstellen auf Trinkstärke:
– Bestimmen der herabzusetzenden Alkoholmenge
– Bestimmen des Alkoholgehaltes dieser Menge
– Bestimmen der nötigen Wassermenge mittels Alkoholherabsetztabelle (siehe nächste Seite)
– Zugabe des Wassers zum Brand
– Gründliche Durchmischung
– Kontrolle des Alkoholgehalts (Temperaturveränderung beachten)

Bei der Mischungstabelle für die Herabsetzung von Branntweinen ist in der senkrechten Spalte der Ausgangsalkoholgehalt zu finden. Von diesem wird waagrecht in die Spalte mit dem gewünschten Alkoholgehalt gelesen. Dieser Faktor wird dann mit der tatsächlichen Branntweinmenge multipliziert und durch 100 dividiert. Dies aus dem Grund, da der Faktor die Wassermenge für genau 100 Liter Branntwein angibt.

Einstellen auf Trinkstärke

Zum Einstellen der Trinkstärke muss vorerst die Verschnittwassermenge ermittelt werden. Hier ist man auf Alkoholherabsetztabellen und Temperaturkorrekturtabellen angewiesen. Dies aus dem Grund, da man Wasser und Alkohol nicht mit dem Mischungskreuz vermischen kann, denn bei dieser Mischung ist die Endsumme kleiner als die beiden Ausgangsmengen und der Alkoholgehalt dadurch immer nur ungenau ermittelt. Diese Erscheinung ist am größten, wenn Wasser und Alkohol zu gleichen Teilen gemischt werden. Aus diesem Grund

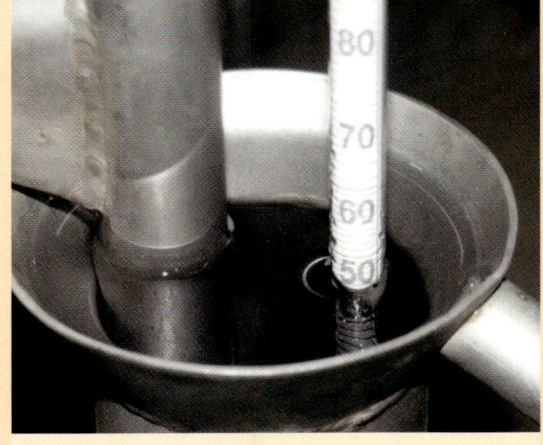

Einstellen der Trinkstärke

Alkoholherabsetztabelle zur Ermittlung der Verschnittwassermenge

Alkohol-gehalt % Vol.	gewünschter Alkoholgehalt in % Vol.																	
	34	35	36	37	38	39	40	41	42	43	44	45	46	47	48	49	50	51
95	186,8	178,7	171,2	164,0	157,1	150,7	144,5	138,6	133,0	127,6	122,5	117,6	112,9	108,4	104,1	99,9	96,0	92,2
90	170,8	163,2	156,0	149,2	142,7	136,6	130,8	125,2	119,9	114,7	110,0	105,3	100,9	96,9	92,5	88,5	84,7	81,2
85	155,1	147,9	141,1	134,8	128,6	122,8	117,3	112,0	107,0	102,2	97,7	93,3	89,1	85,0	81,2	77,4	73,9	70,5
80	139,6	132,8	126,4	120,4	114,6	109,2	104,0	99,1	94,3	89,7	85,5	81,3	77,4	73,5	70,0	66,4	63,1	59,9
79	136,5	129,8	123,5	117,6	111,9	106,5	101,4	96,5	91,8	87,3	83,1	79,0	75,1	71,3	67,8	64,3	61,0	57,8
78	133,4	126,8	120,5	114,7	109,1	103,7	98,7	93,9	89,2	84,8	80,6	76,6	72,8	69,0	65,5	62,1	58,8	55,7
77	130,3	123,8	117,6	111,8	106,3	101,0	96,0	91,3	86,7	82,4	78,2	74,2	70,5	66,7	63,3	59,9	56,7	53,6
76	127,2	120,8	114,6	109,0	103,5	98,3	93,4	88,7	84,2	79,9	75,8	71,9	68,2	64,5	61,1	57,8	54,6	51,5
75	124,1	117,8	111,8	106,2	100,7	95,6	90,8	86,1	81,7	77,4	73,4	69,5	65,9	62,2	58,9	55,6	52,4	49,4
74	121,0	114,8	108,8	103,3	97,9	92,9	88,1	83,5	79,2	74,9	71,0	67,1	63,6	60,0	56,7	53,4	50,3	47,3
73	117,9	111,8	105,9	100,4	95,1	90,2	85,5	80,9	76,7	72,4	68,6	64,8	61,3	57,7	54,5	51,2	48,2	45,2
72	114,9	108,8	103,0	97,6	92,4	87,5	82,9	78,4	74,2	70,0	66,2	62,5	59,0	55,5	52,3	49,1	46,1	43,2
71	111,8	105,8	100,1	94,7	89,6	84,8	80,2	75,8	71,6	67,5	63,8	60,1	56,7	53,2	50,0	46,9	43,9	41,1
70	108,7	102,8	97,2	91,8	86,8	82,1	77,6	73,2	69,1	65,1	61,4	57,7	54,4	50,9	47,8	44,7	41,8	39,0
69	105,7	99,8	94,3	89,1	84,1	79,4	75,0	70,7	66,6	62,6	59,0	55,4	52,1	48,7	45,6	42,6	39,7	36,9
68	102,6	96,8	91,4	86,2	81,3	76,7	72,3	68,1	64,1	60,2	56,6	53,0	49,8	46,5	43,4	40,4	37,6	34,8
67	99,5	93,8	88,5	83,4	78,6	74,0	69,7	65,5	61,6	57,8	54,2	50,7	47,5	44,2	41,2	38,3	35,5	32,8
66	96,5	90,9	85,6	80,6	75,9	71,4	67,1	63,0	59,1	55,4	51,8	48,4	45,2	42,0	39,0	36,2	33,4	30,8
65	93,4	87,9	82,7	77,8	73,1	68,7	64,5	60,4	56,6	52,9	49,5	46,1	42,9	39,8	36,8	34,0	31,3	28,7
64	90,2	84,9	79,8	75,0	70,3	66,0	61,9	57,8	54,1	50,4	47,1	43,7	40,6	37,5	34,6	31,8	29,2	26,6
63	87,1	81,9	76,9	72,2	67,6	63,3	59,3	55,3	51,6	48,0	44,7	41,4	38,3	35,3	32,4	29,7	27,1	24,5
62	84,3	79,0	74,0	69,4	64,9	60,7	56,7	52,8	49,2	45,6	42,3	39,1	36,1	33,1	30,3	27,6	25,0	22,5
61	81,2	76,0	71,1	66,5	62,1	58,0	54,1	50,2	46,7	43,1	39,9	36,8	33,8	30,8	28,1	25,4	22,9	20,4
60	78,2	73,0	68,2	63,7	59,4	55,3	51,5	47,7	44,2	40,7	37,5	34,5	31,5	28,6	25,9	23,3	20,8	18,3
59	75,1	70,1	65,4	60,9	56,7	52,7	48,9	45,2	41,7	38,3	35,2	32,2	29,3	26,4	23,8	21,2	18,7	16,3
58	72,0	67,1	62,5	58,1	53,9	50,0	46,3	42,6	39,2	35,9	32,8	29,8	27,0	24,2	21,6	19,0	16,6	14,2
57	69,0	64,1	59,8	55,3	51,2	47,3	43,7	40,1	36,7	33,5	30,4	27,5	24,7	22,0	19,4	16,9	14,5	12,2
56	66,0	61,2	56,7	52,5	48,5	44,7	41,1	37,6	34,3	31,1	28,1	25,2	22,5	19,8	17,2	14,8	12,4	10,2
55	62,9	58,2	53,8	49,7	45,8	42,0	38,4	35,0	31,8	28,7	25,7	22,9	20,2	17,5	15,1	12,6	10,3	8,1
54	59,8	55,2	50,9	46,9	43,0	39,3	35,8	32,5	29,3	26,3	23,3	20,6	17,9	15,3	12,9	10,5	8,2	6,1
53	56,8	52,3	48,0	44,1	40,3	36,7	33,2	30,0	26,8	23,9	21,0	18,3	15,6	13,1	10,7	8,4	6,2	4,1
52	53,8	49,4	45,2	41,3	37,6	34,1	30,7	27,5	24,4	21,5	18,7	16,0	13,4	10,9	8,6	6,3	4,2	2,0
51	50,8	46,4	42,2	38,5	34,9	31,4	28,1	24,9	21,9	19,1	16,3	13,7	11,1	8,7	6,4	4,3	2,1	
50	47,7	43,5	39,5	35,7	32,2	28,8	25,5	22,4	19,5	16,7	14,0	11,4	8,9	6,5	4,3	2,2		
49	44,7	40,6	36,7	33,0	29,5	26,2	23,0	19,9	17,1	14,3	11,7	9,1	6,7	4,3	2,2			
48	41,7	37,6	33,8	30,2	26,8	23,5	20,4	17,4	14,6	11,9	9,3	6,8	4,5	2,2				
47	38,7	34,7	31,0	27,4	24,1	20,9	17,8	14,9	12,2	9,5	7,0	4,5	2,3					
46	35,7	31,8	28,2	24,7	21,4	18,3	15,3	12,4	9,8	7,1	4,7	2,3						
45	32,8	28,9	25,1	22,0	18,7	15,7	12,7	9,9	7,3	4,7	2,3							
44	29,7	26,0	22,3	19,2	16,0	13,0	10,1	7,4	4,9	2,4								
43	26,8	23,1	19,4	16,5	13,3	10,4	7,6	5,0	2,5									
42	23,8	20,2	16,8	13,7	10,7	7,8	5,1	2,6										
41	20,9	17,3	13,9	10,9	8,0	5,2	2,6											
40	17,9	14,4	11,1	8,2	5,3	2,6												
39	14,9	11,5	8,4	5,5	2,7													

Das Einstellen auf Trinkstärke:
– Auslitern der gesamten Menge
– Feststellen des Alkoholgehaltes
– Ermitteln des Faktors mit obiger Tabelle
– Faktor multipliziert mit Liter des einzustellenden Brandes dividiert durch 100 ergibt Liter Wasser, welches zuzusetzen ist
– Zusetzen des Wassers
– Kontrolle nach Entweichen der Luftblasen
– Bei Temperaturen, die von der Eichung des Alkoholometers abweichen, ist der Alkoholgehalt mit den Temperaturtabellen zu ermitteln.

Kühllagerung

Auch bei einwandfrei enthärtetem Wasser können in herabgesetzten Destillaten Trübungen auftreten. Der Grund für diese Trübungen liegt in der schlechteren Löslichkeit von Salzen in niedrig alkoholischen Lösungen (die Trübungen treten zumeist erst unter 45 % Vol. auf). Da die Trübungen bei niedrigeren Temperaturen stärker auftreten, werden Destillate stark gekühlt, um die Trübungen entfernen zu können. Durch diese Kühlung können die Trübungsbildner weitgehend ausgeschieden werden. Die Destillate werden auf Temperaturen unter 4 °C gekühlt, da ab dieser Temperatur die Löslichkeit sehr stark abnimmt. Grundsätzlich gilt: Je tiefer, desto besser, wobei zu beachten ist, dass die Destillate bei Temperaturen unter -15 °C schon sehr viskos werden und dadurch die Filtration erschwert wird. Die Zeit, währenddessen der Brand kühl gelagert wird, hängt von der Temperatur ab.
Kleine Mengen an Brand können sehr gut in der Kühltruhe gekühlt werden. Bei größeren Mengen empfiehlt es sich, auf die kalte Jahreszeit zu warten und dann den Brand auf Trinkstärke einzustellen und zu filtrieren.
Anhand der Farbe der Trübungsteilchen sind mögliche Fehler des Brandes zu erkennen. Sind die Trübungen zum Beispiel sehr grün gefärbt, so deutet dies auf eine Kupferlösung hin. Dieses Kupfer wird zumeist durch Essigester gelöst. Dieser Essigester stellt den Fehler in der Produktion dar. Allerdings können auch das Geistrohr oder der Kühler aus Kupfer sein, wobei dann eine Materialveränderung anzustreben wäre.

Filtration

Die Filtration von Destillaten zählt zu den schwierigsten Bereichen der Filtration, da die auftretenden Trübungen sehr fein und dadurch nur schwer abzufiltrieren sind. Gleichzeitig ist es schwierig, mit sehr feinen Schichtenfiltern zu arbeiten, da die zu filtrierende Menge oftmals sehr klein ist. Hinzu kommt, dass jede Filtration Aroma entzieht, so dass die Wahl der entsprechenden Filtrationsmethode sehr wichtig ist.
Als optimale Temperatur zur Filtration haben sich -3 °C herausgestellt. Bei dieser Temperatur ist eine gute Filtrationsleistung bei geringster Aromabeeinflussung gegeben. Für die Filtration kommen verschiedene Möglichkeiten in Frage. Eine Auflistung der verschiedenen gebräuchlichen Filterarten ist auf der nächsten Seite angeführt.
Die meisten dieser Filter arbeiten sehr sauber und zuverlässig, wobei es bei Kerzenfiltern vereinzelt zu Problemen mit der Klärung der Produkte kommt. Bei Kerzenfiltern sollte auch darauf geachtet werden, dass keine Aktivkohle in der Kerze ist, weil sonst die Aromabeeinflussung zu stark ist.

Filtermöglichkeiten in Abhängigkeit der Menge

Branntweinmenge	verwendete Filter
Kleinstmengen bis 10 Liter	Faltenfilter, Sackfilter, Anschwemmfilter
Mittlere Mengen bis 50 Liter	Kleine Rundfilter, Kerzenfilter, Große Anschwemmfilter, Kleinste Schichtenfilter
Größere Mengen über 50 Liter	Schichtenfilter (20 mal 20), Kerzenfilter, Spezielle Branntweinfilter aus Edelstahl

Als sehr gut wirksam, mit einer sehr sauberen Filtrationsleistung, sind Schichtenfilter anzusehen, die bei gewöhnlichen Auführungen große Verlustmengen mit sich bringen. Bei teuren Produkten ist daher die Verwendung eines speziellen Branntweinschichtenfilters zu empfehlen. Dies sind zumeist Rundfilter aus Edelstahl, wobei meist mit zwei Schichten gearbeitet wird. Anschwemmfilter und Trichterfilter werden nur bei Kleinstmengen verwendet. Für Mengen bis etwa 15 Liter ist die Filtrationsleistung sehr gut. Im Hobbybereich können auch größere Mengen damit filtriert werden. Für den größeren Produzenten kann der Zeitaufwand bei dieser Art der Filtration entsprechend groß sein, so dass die Wirtschaftlichkeit nicht gegeben ist.

6.
Abfüllung und Kennzeichnung

Destillate sollte man erst nach der erfolgten Lagerung abfüllen. Destillate, die ungelagert und noch nicht fertig gereift in Flaschen gefüllt werden, zerstören auf lange Sicht den guten Ruf eines Betriebs, da diese Produkte zumeist eher scharf wirken. Die genauen Kennzeichnungsmerkmale von Bränden sind in der Lebensmittel-Kennzeichnungsverordnung geregelt.

Abfüllung von Edelbränden

Bei der Abfüllung ist es wichtig, möglichst geringe Alkoholmengen und Aromaanteile zu verlieren. Gleichzeitig ist auch die Reinheit in der Flasche von großer Wichtigkeit. Weil Edelbrände vollkommen klar sind, ist es möglich, kleinste Verschmutzungen, wie sie bei länger gelagerten Flaschen auftreten können, in der Flasche zu erkennen. Auch bei dunklem Glas lassen sich Staubfäden in der Flasche erkennen. Insekten, die vereinzelt in Flaschen zu entdecken sind, müssen vermieden werden. Zumeist wird die Abfüllung in kleineren Betrieben mittels einfacher Niveaufüller erfolgen. Bei größeren Mengen und wenn eine gleichbleibende Füllhöhe erreicht werden soll, empfiehlt sich die Verwendung eines Vakuumfüllers. Diese Geräte haben den Vorteil, dass sie selbstansaugend sind. Damit kann die Verschmutzung durch Insekten oder Staubteile aus der Luft ausgeschlossen werden, wenn der Brand im Lagerbehälter entsprechend rein ist.

Als Verschlüsse werden Drehverschlüsse und verschiedene Korkarten verwendet. Griffkorken haben sich als Standard etabliert. Auch Kunststoffkorken kommen verstärkt zum Einsatz, da sie das Risiko der Verfärbung und Geschmacksbeeinflussung ausschließen.

Die abgefüllten Flaschen sollten kühl und dunkel gelagert werden. Um Trübungen und Ausflockun-

Praktikable Verschlüsse wählen
Einen komfortablen Verschluss verwenden, da Edelbrandflaschen zumeist nicht beim ersten Öffnen ausgetrunken werden

gen in der Flasche zu vermeiden, soll die Lagertemperatur nicht unter der Kühltemperatur liegen. Diese Trübungen und Ausflockungen, die vom Konsumenten beim Wein toleriert werden, dürfen bei Destillaten nicht auftreten. Wenn Derartiges passiert, sind die Flaschen zu öffnen und vollständig zu entleeren. Diese Brände müssen dann neuerlich gekühlt und filtriert werden.

Kennzeichnung von Edelbränden

Werden Edelbrände und Schnäpse in Verkehr gesetzt, das heißt verkauft, vertauscht oder verschenkt, so sind sie nach der Lebensmittel-Kennzeichnungsverordnung zu kennzeichnen.
Dabei muss das Etikett folgende Informationen aufweisen:

– Sachbezeichnung – Diese setzt sich bei allen Produkten aus der namensgebenden Obstart und dem Wort „Brand" oder „Wasser" zusammen – z. B. „Apfelbrand".
– Herstellername – Der vollständige Name des Herstellers oder der Firma, die den Brand produziert hat, muss am Etikett angegeben sein.
– Adresse – Die vollständige Adresse des Betriebs ist am Etikett anzugeben. Telefonnummer und Webadresse sowie E-Mail gehören auch zur Adresse und erleichtern dem Kunden das Auffinden des Betriebs.
– Abfindungsbrand – Wenn der Brand unter Abfindung hergestellt wurde, so ist dies in Österreich am Etikett zu deklarieren und auszuweisen. Am besten wird der Wortlaut „Unter Abfindung hergestellt" oder „Abfindungsbrand" verwendet.
– Nettofüllmenge – Der genaue Inhalt in Milliliter, Zentiliter oder Liter ist am Etikett anzugeben.
– Chargen- oder Losnummer – Jede Charge erhält eine eigene Nummer, die vom Produzenten vergeben wird. Üblich ist dabei eine vierstellige Zahl mit einem vorgesetzten „L" (von „Losnummer"). Diese Nummer sollte in einer Liste eingetragen sein und dient der Nachvollziehbarkeit einzelner Chargen.
– Alkoholgehalt – Der Gehalt an Alkohol ist am Etikett mit einer maximalen Abweichung von 0,3 % Vol., auf eine Kommastelle genau, zu deklarieren. Dieser Alkoholgehalt wird üblicherweise folgendermaßen angegeben: alc. XX,X % Vol.

Das Etikett darf auch weitere Informationen zum Betrieb und über das Produkt enthalten. Aussagen zu „natürlich", „naturnah" oder Ähnlichem dürfen am Etikett nicht verwendet werden. Ein Hinweis auf eine biologische Produktionsweise ist nur bei entsprechenden Betrieben gestattet.

Sachbezeichnung immer mit Obstart
Auch bei der Deklaration einer Sorte ist immer die Obstart zu nennen.
Falsch wäre: Golden-Delicious-Brand.
Richtig hingegen ist die Bezeichnung Golden-Delicious-Apfelbrand.

7.
Trendprodukte im Edelbrandbereich

Edelbrand hat einen hohen Stellenwert in der Bevölkerung. Neue Produkte erweitern die Palette, wecken Interesse und schaffen neue Märkte. Doch was ist dran an den neuen Trendprodukten, wie definieren sie sich, und welche Möglichkeiten bieten sie dem einzelnen Betrieb? Wie auch viele andere Produkte des täglichen Bedarfes unterliegen Edelbrände Trends und Veränderungen. Diese werden zum einen durch Verkostungen und Medien hervorgerufen, andererseits auch durch eine Änderung des Geschmacksverhaltens der Konsumenten. Manche der neuen Trends werden von Journalisten und privaten Gemeinschaften forciert und sind vom Brenner nicht nachvollziehbar. Nur Trends, die auf Fachwissen der Verkoster und durch das Auswerten von Konsumentenbefragungen basieren, sind längerfristig am Markt positionierbar und sollten vom Brenner akzeptiert werden. Wenn ein Fachmagazin für Konsumenten plötzlich aus Willkür oder aus der Laune eines Autors heraus einen Trend ausruft, so sollte dieser nicht unbe-

dingt vom Brenner übernommen werden, denn viele Eintagsfliegen schaden dem Image des Betriebs.

Die erste Zielgruppe der Brenner waren Zigarrenraucher. Die anfänglichen Versuche, einfache holzfassgereifte Produkte in Flaschen zu füllen, und als Zigarrenbrand zu verkaufen, sind recht schnell gescheitert. Es ist notwendig, wenn eine neue Zielgruppe angesprochen werden soll, das Produkt auch dieser Zielgruppe entsprechend anzupassen. Aufgrund meiner Verkostungstätigkeit stelle ich folgende Trends in den letzten Jahren fest, die scheinbar länger anhalten dürften.

Zigarrenbrände

Dazu zählen Brände, die von Zigarrenliebhabern während des Rauchens genossen werden können. Aufgrund der Geschmacksfülle einer Zigarre sind diese Brände zumeist aromaintensiv und mit deutlichem Körper. Einige Betriebe arbeiten auch mit einem höheren Alkoholgehalt. Dabei haben sich Alkoholwerte um etwa 45 % Vol. etabliert. Holzfassgereifte Brände und Brände mit einer leichten Süße bringen hier die beste Kombination. Für den Brenner bietet dieses Thema eine breite Spielwiese und gute Möglichkeiten der Veredelung durch verschiedene Holzarten. Inzwischen gibt es eine klare Definition des Produktes Zigarrenbrand: „Höherprozentig, voluminös, lang anhaltend". Damit ist für jeden Produzenten klar, wie dieser Brand nun auszusehen hat. Für den Zigarrenraucher ist jedoch mehr notwendig. Er will Harmonie mit der Zigarre, so passt nicht jedes Holz zu den Gerbstoffen der Zigarre, je nach Zigarrenmarke sind andere Fruchtaromen erwünscht und der Brand soll trotz höherem Alkoholgehalt mit dem Rauch der Zigarre nicht scharf werden. Daher ist es für den Produzenten notwendig, sich auch mit dem Medium Zigarre etwas vertraut zu machen. Dies kann einerseits durch Beschreibungen in der einschlägigen Fachliteratur erfolgen, aber auch durch Gespräche mit Kunden. Insgesamt kann jedoch

festgehalten werden, dass leichte Zigarren zu eher frischen, fruchtigen Bränden passen und schwere, intensiv würzige Zigarren zu sehr fruchtigen, holzintensiven Steinobstbränden.

Der Trend zum „Hochprozentigen"

Dieser Trend wird von Lifestyle- und „Fachjournalisten" bereits seit einiger Zeit gefördert. Einige große Brenner haben ihre Produktlinie auf einen höheren Alkoholgehalt gebracht. Richtig für den Qualitätsbrenner ist jedoch die Anpassung des Brandes an die typische Frucht und das Aroma. Brände sollen nicht mehr einheitlich auf 38,2 % Vol. eingestellt werden. Dazu ist es jedoch wichtig Vorproben anzustellen, die Kraft des Brandes mit der Wirkung des Wassers auszuloten und erst dann die Einstellung auf Trinkstärke vorzunehmen. Je nach Obstart oder Grunddestillat können somit auch Brände mit einer Trinkstärke von 50 oder mehr % Vol. entstehen, die immer noch aromatisch, weich und fruchtig am Gaumen sind.

Kaffeebrand

Zigarrenbrand

Als Kaffeebrand werden Brände bezeichnet, die ideal in Kombination oder direkt im Kaffee getrunken werden können. Dies ist in vielen Regionen schon lange üblich, man denke etwa an Irish Coffee oder Kaffee mit Kirsch in der Schweiz. Dies zeigt auch bereits den Weg, wie ein derartiger Edelbrand schmecken sollte. „Intensiv würzig, fruchtig aromatisch, lang anhaltend" kann als Grundbeschreibung verwendet werden. Durch die Vielzahl an Kaffeesorten mit unterschiedlichsten Röstgraden ergeben sich auch unterschiedlichste Geschmacksrichtungen und Kombinationen mit Bränden. Auch hier gilt, wie bereits beim Zigarrenbrand beschrieben, dass Grundkenntnisse rund um den Kaffee die Auswahl entsprechend erleichtern. In den meisten Fällen liegt der Produzent jedoch mit Steinobstbränden, leichter Mandelaromatik und Röstaromen im Brand richtig.

Wie kann ein neues Produkt am Markt etabliert werden?

Kaffee-, Tee-, Schokolade- oder Cocktailbrand – grundsätzlich kann zu beinahe jedem Getränk ein Edelbrand gereicht werden. Da es hier nicht möglich ist, alle Produkte aufzuführen, darf die weitere Vorgehensweise mit dem Wissen des klassischen Marketings umschrieben werden. Daraus ist es jedem Brenner möglich, die Schritte für einen Trend abzulesen.

Kenntnis der Ziele

Der Brenner muss für sich selbst die Antworten zu folgenden Fragen finden: Wohin will ich verkaufen? Wieviel will ich verkaufen? Welche Produkte will ich verkaufen? Was bin ich bereit dafür zu tun? Erst wenn diese Ziele klar definiert sind, kann mit der Produktion und Vermarktung eines neuen Produktes begonnen werden. Oftmals ist dafür die Entscheidung innerhalb der Familie notwendig.

Kenntnis der Kunden

Es wird schwierig sein, wenn lauter Teetrinker zu Ihren Kunden zählen, einen Kaffeebrand zu verkaufen. Doch noch wichtiger ist es, zuerst zu wissen: Wer sind Ihre Kunden? Welchen Kundenkreis wollen Sie ansprechen? Wo befinden sich diese Kunden? Sie sollten über Ihre Kunden mehr wissen, als nur den Vornamen. Dies erreichen Sie am einfachsten über persönliche Gespräche.

Kennen Sie die Wünsche Ihrer Kunden?

Erst wenn Sie wissen, was Ihr Kunde sucht, können auch Edelbrände für den Kunden kreiert werden. Dies kann wiederum in persönlichen Gesprächen in Erfahrung gebracht werden. Oft können Antworten dazu aber auch in Trendmagazinen und Lifestyle-Zeitungen gefunden werden. Diese „gemachten" Wünsche sind die Hauptstrategie der Marktinggurus – Erwecken von Bedürfnissen wird dies genannt. Der Kunde weiß noch gar nicht, dass er das Produkt morgen braucht – oder wussten Sie vor fünf Jahren, dass das Fotografieren mit dem Telefon notwendig wird? Daher sollten Sie auch versuchen, im Trend der Zeit zu liegen.

Entsprechendes Knowhow

Und zu guter Letzt, sind auch die Wege, diese Ziele zu erreichen, notwendig zu kennen. Es nützt nichts, wenn Sie kein Holzfass haben, und trotzdem holzfassgereifte Brände herstellen wollen.

Zuerst muss der Produzent Knowhow über das Produkt haben. Für Schokoladebrand wird die Unterscheidung in weiße, helle und dunkle Schokolade sicherlich zu wenig sein. Eignen Sie sich Wissen an, denn der Kunde, der das Produkt bei Ihnen kaufen will, ist zumeist schon belesen. Und dann sollte die Verkostung auch nicht vernachlässigt werden. Der Brenner muss wissen, was harmoniert. Erst wenn diese Vorgaben erfüllt sind, können Sie mit der Produktion eines dieser Produkte beginnen. Die Zeit ist reif für hochqualitative Brände, mit speziellen Kombinationsmöglichkeiten und Mehrfachnutzen, doch sollte der Markt nicht durch fehlendes Wissen und fachliche Qualifizierung schon vorher kaputt gemacht werden.

Geschenkkarton

8. Liköre als Zusatzprodukt

Das Weiterverarbeiten und Aromatisieren von Bränden erfreut sich seit vielen Generationen größter
Beliebtheit. Dabei sind Zusätze von Blüten, bitter
schmeckenden Stoffen und die Herstellung von Likören nicht uninteressant. Der folgende Abschnitt soll
kurz die wichtigsten Grundlagen der Likörbereitung
darstellen, um klassische Fehler zu vermeiden.

Liköre als Trendprodukte sind in beinahe allen Farb-,
Geruchs- und Geschmacksrichtungen am Markt zu
finden. Vielfach werden sie vom Konsumenten
jedoch mit einem milden Lächeln abgelehnt, da bei
den meisten immer noch das „Zuckerwasser" im
Hinterkopf verankert ist. Mit diesen Assoziationen
ist es sehr schwer, noch einmal Gusto auf einen
Likör zu bekommen. Der Trend geht in letzter Zeit
allerdings weg von derartig süßen und hochalko-
holischen Produkten. Im Geist der Zeit kommen
jetzt Liköre auf den Markt, die einen frischen, fruchtigen Eindruck am Gaumen hinterlassen, der nicht
klebt. Nur das zarte milde Aroma reifer Früchte verbleibt dabei auf den Geschmacksknospen.

Zutaten für die Likörherstellung

Die meisten Liköre haben drei Ausgangsmateri-
alen als Grundlage:
– Alkohol
– Zucker
– geschmacksgebende Substanzen

Alkoholarten für die Likörherstellung

Um einen möglichst typischen Likör herzustellen,
sollte der Charakter des verwendeten Alkohols
immer im Hintergrund bleiben. Je neutraler der
Ausgangsalkohol ist, um so typischer wird das fertige Produkt.

Gerne verwendete Alkoholarten sind:
– Ethylalkohol landwirtschaftlichen Ursprungs
  (Monopolsprit)

– Fruchtbrände mit Aroma der Früchte
– entaromatisierte Fruchtbrände

Für die Gewinnung von aromaarmem Brand gibt es verschiedene Möglichkeiten. Es können einerseits möglichst aromaarme Früchte oder Weine destilliert werden. Man kann aber auch Aktivkohle verwenden, um dem fertigen Brand das Aroma zu entziehen. Je nach Ausgangsprodukt sind dabei unterschiedliche Einsatzmengen notwendig. 50 bis 80 Gramm Aktivkohle je 100 Liter bei sauberen Fruchtbränden ohne nachfolgende Destillation, wobei die Aktivkohle bei einem trinkfertigen Produkt sicherlich am besten wirkt. Spätestens nach zwei Tagen muss die Aktivkohle dann abfiltriert werden, um eine nochmalige Freisetzung des gebundenen Geruchs und Geschmacks zu vermeiden.

Sollen Nachläufe oder stark fehlerhafte Produkte entaromatisiert werden, so sind Einsatzmengen zwischen 200 und 500 Gramm je 100 Liter notwendig, wobei nach der Filtration eine nochmalige Destillation notwendig ist. Dies deshalb, da damit auch Alkoholfehler, wie sie derartige Produkte zumeist auch aufweisen, ausgebessert werden können.

Zuckerarten für die Likörherstellung

Nachdem der Gesetzgeber bei Likören einen gewissen Mindestzuckergehalt (meist mehr als 100 Gramm pro Liter) vorschreibt, muss zum Erzielen eines süßen Geschmackes und des gesetzlichen Mindestwertes Zucker oder Sirup verwendet werden.

Weißzucker (Rohr- oder Rübenzucker) wird in den meisten Fällen verwendet. Die Körnung soll mittel oder fein sein, damit er leichter lösbar ist. Zur genauen Berechnung der Volumenveränderung ist es notwendig zu wissen, dass ein Kilogramm Zucker in gelöster Form einen Raum von 0,625 Liter einnimmt.

Eine **Zuckerlösung aus flüssigem Invertzucker**, (Glukose-Fructose-Sirup) die selbst hergestellt werden kann, wird ebenfalls gerne verwendet. Dieser invertierte Zuckersirup weist gegenüber allen anderen Zuckerarten einen besonders hohen Grad an Zucker auf, der durch die Inversion, also das Aufspalten zu Trauben- und Fruchtzucker, nicht zum Kristallisieren neigt. Dadurch ist eine längere Haltbarkeit gewährleistet. Invertzucker schmeckt etwas milder als Rohr- oder Rübenzucker und durch die Säurezugabe auch fruchtiger. Um einen Liter Invertzucker herzustellen, sind 430 Milliliter Wasser, ein Gramm Zitronensäure und ein Kilogramm Zucker notwendig. Die Wassermenge wird zusammen mit dem Zucker unter ständigem Rühren solange erhitzt, bis die Zuckerlösung siedet. Wenn dieser Punkt erreicht ist, wird die Zitronensäure, die in einer sehr geringen Wassermenge gelöst wurde, in die siedende Zuckerlösung zugegeben. Dann erfolgt ein weiterer, zehn Minuten dauernder Kochvorgang. Der dabei auftretende weiße Schaum ist auf Unreinheiten im Zucker zurückzuführen und muss unbedingt abgeschöpft werden. Nach dem schnellstmöglichen Abkühlen sollte die Menge bei 20 °C genau einen Liter aufweisen. Sollte es zu wenig sein, so wird mit Wasser aufgefüllt. Die Zuckerlösung kann bei Verunreinigungen noch filtriert werden. Dieser Zuckersirup ist haltbar und kann auch längere Zeit gelagert werden.

Geschmackgebende Stoffe

Für viele selbst gemachte Liköre sind Früchte das Ausgangsmaterial. Besonders Beerenobst und sehr intensive Steinobstarten eignen sich hervorragend für diese Art der Verarbeitung. Wichtig ist, dass alle verwendeten Früchte den Grundanforderungen gesund, reif und sauber entsprechen. Aber auch Blumen, Blüten, Kräuter und Wurzeln lassen sich sehr gut auslaugen.

Likörherstellung

Wir unterscheiden aber zwischen Ansatzlikören, wie sie üblicherweise hergestellt werden (angesetzte Früchte + Alkohol + Zucker), und Likören, bei denen Fruchtsaft mit Alkohol gemischt wird (Saft + Alkohol + Zucker).

Für **Ansatzliköre** eigenen sich schwarze Johannisbeeren, Himbeeren, Sauerkirschen, Quitten aber auch Brombeeren, Heidelbeeren, Vogelbeeren, Schlehen und alle Kräuter und Blüten.

Mischliköre, die nach der Methode Saft + Alkohol + Zucker hergestellt werden, sind meist aromaintensiver.

Wie beim Kochen gilt auch bei der Likörbereitung: Nur wenn die Zutaten von ausgesucht guter Qualität sind und die Zusammenstellung harmonisch ist, wird das Ergebnis hervorragend schmecken.

Liköre mit Saftanteil

Bei der Produktion von Mischlikören mit Fruchtsaft sind folgende grundlegenden Punkte zu beachten:
Der **Fruchtsaftanteil** sollte 40 bis 60 % des Likörs

ausmachen. Wenn der Fruchtanteil geringer sein sollte, so ergeben sich zumeist sehr dünne Produkte mit wenig typischem Fruchtcharakter. Spezielle Beerenobstarten, die sehr aromaintensiv sind, können mit einem geringeren Fruchtanteil verarbeitet werden.

Der **Zuckeranteil** kann je nach gewünschter Geschmackseinrichtung zwischen 100 und 400 Gramm pro Liter schwanken. Er setzt sich zum einen aus dem in der Frucht enthaltenen natürlichen Zucker und dem zugesetzten Zucker zusammen. Wichtig ist jedoch vor allem ein harmonisches Produkt. Das heißt, das Zucker-Säure-Verhältnis muss immer ausgewogen sein. Sehr säurereiche Obstarten müssen mehr gesüßt werden. Bei sehr säurearmen Obstarten darf allerdings der gesetzliche Mindestanteil auch nicht unterschritten werden, was zum Beispiel bei Pfirsich oft zu einem etwas zu süßen Likör führen kann. Gewöhnlich liegt der harmonische Zuckergehalt bei ungefähr 150 Gramm pro Liter.

Alkoholgehalte zwischen 18 und 30 % Vol. sind bei Likören üblich, wobei höhere Gradationen nur bei speziellen Produkten erwünscht sind. Zumeist findet man derartig hohe Alkoholwerte nur bei sogenannten bitteren Likören, auch als „Magenbitter" bekannt. Aber auch einzelne Früchte harmonieren mit einem etwas höheren Alkoholgehalt, so etwa die Quitte, die schwarze Johannisbeere, die Eberesche und die schwarze Apfelbeere. Zumeist liegt der geschmacklich optimale Alkoholgehalt jedoch bei einer Stärke von etwa 20 bis 25 % Vol.

Berechnung der Zusammenstellung bei Mischlikören

Berechnete Alkoholmenge: Die Menge des benötigten Alkohols lässt sich auch rechnerisch, nach folgender Formel, ermitteln:

$$\frac{\text{gewünschter Alkohol (\% Vol.)}}{\text{vorhandener Alkohol (\% Vol.)}} = \text{Liter Alkohol für 1 Liter Likör}$$

Besteht ein Rezept aus mehreren alkoholhaltigen Komponenten, müssen die Alkoholanteile jeweils berücksichtigt werden. Dabei kann der Alkoholgehalt des Weines entweder dazugerechnet werden, was vielfach die einfachste Methode ist, oder um diese Menge weniger Brand zugesetzt werden.

Berechnung der Zuckermenge: Je nachdem, welche Zuckerart verwendet wird, kann der Zuckergehalt sehr einfach berechnet werden. Bei der Verwendung von flüssigem Invertzucker mit 72,7 % mas (= Massenprozent, bezogen auf die Trockensubstanz) kann der Zuckergehalt ohne Umrechnung genommen werden. Das heißt ein Milliliter Zucker entspricht einem Gramm pro Liter. Wird gewöhnlicher Weißzucker verwendet, so ist die Volumenveränderung zu berücksichtigen.

Berechnung des Fruchtanteils: Nur bei der Verwendung von Saft kann der Fruchtanteil im vorhinein berechnet werden. Bei angesetzten Likören muss man sich auf die Auslaugung verlassen. Dabei gilt, dass ein Fruchtlikör mit einem Fruchtanteil von zum Beispiel 50 % mit 500 Milliliter Saft je Liter Fertiglikör versetzt werden muss. In den meisten Fällen sollte die benötigte Menge bei der ersten Charge durch Vorproben ermittelt werden.

Ansatzliköre

Die Bereitung von Ansatzlikören ist zumeist einfacher als das Mischen, weil die großen Berechnun-

gen wegfallen. Hier können fertige Rezepte verwendet werden.

Wichtig ist, dass der Zuckergehalt von 100 Gramm Restzucker im fertigen Produkt erreicht wird. Deshalb sollten fertige Rezepte auch immer daraufhin kontrolliert werden, dass mindestens 150 Gramm Zucker je Liter verwendet werden, weil die Früchte ja einen entsprechenden Teil aufnehmen. Dasselbe gilt für den Alkoholgehalt, auch dieser vermindert sich durch die Aufnahme in den Früchten. Bei Blüten und Kräuterlikören hat sich eine warme Extraktion bei etwa 35 bis 40 °C als optimal erwiesen. Dabei werden verdünnter Brand und Zucker erwärmt und in warmem Zustand über die auszulaugenden Materialien gegossen. Die Wärme führt zu einem schnellen Auslaugen des Aromas und der Likör braucht nicht mehr in die Sonne gestellt zu werden.

Sonne meiden

Liköre zum Auslaugen nie in die Sonne stellen, weil das UV-Licht das Aroma schädigt. Auch neigen viele Früchte dazu, dass sie durch Sonneneinstrahlung braun werden. Eher warm auslaugen wie oben beschrieben, und im Dunkeln stehen lassen.

Die Ermittlung des Alkoholgehalts

Bevor der Likör abgefüllt wird, muss der genaue Alkoholgehalt ermittelt werden. Die einfachste Methode dabei ist, eine Durchschnittsprobe an ein analytisches Labor weiterzureichen. Dieses Labor ermittelt dann den Alkoholgehalt und teilt dies dem Hersteller mit. Sollte dies allerdings regelmäßig und oft erfolgen, so ist die Anschaffung einer eigenen Alkoholbestimmung billiger als die Laborkosten. Die Abweichung vom zu deklarierenden Alkoholgehalt darf maximal ± 0,3 % Vol. betragen. Eine Bestimmung mittels Alkoholspindel oder Biegeschwinger ist durch den Zuckergehalt leider nicht möglich.

Folgende Informationen müssen von einem Likör-etikett abgelesen werden können:
- die Sachbezeichnung
- der Hersteller
- die Füllmenge
- der Alkoholgehalt mit einer maximalen Abweichung von 0,3% Vol. (in einem Labor untersuchen lassen)
- die Losnummer sowie die Herstellung unter Abfindung (gilt für Abfindungsbrenner in Österreich).

9.
Qualitätssicherung und Wirtschaftlichkeit

Vielen Betrieben gelingt es oftmals in der Anfangs-phase gute Brände herzustellen. Als Eintagsfliegen und Zufallsgewinner werden diese dann sehr oft bezeichnet. Um langfristig am Markt aktiv sein zu können, ist es notwendig, die einmal erreichte Qualität zu sichern, besser zu werden und vor allem wirtschaftlich zu agieren. Nur so ist es langfristig möglich, mit Edelbränden Geld zu verdienen.

Qualitätssicherung

Die Qualitätssicherung erfasst alle Bereiche der Produktion. Diese beginnt mit der Rohware und endet mit der Nachvollziehbarkeit der Flaschen am Weg zum Kunden. Jeder Arbeitsschritt sollte im Fall des Falles nachkontrollierbar sein. Dies beginnt mit den Anforderungen an den Produktionsraum. Erst der zweite Schritt sind dann die notwendigen Aufzeichnungen für die Produktion und die verschiedenen Produktionskonzepte. Neben den gesetzlichen Vorschriften und den hygienischen Grundanforderungen zählt auch die sensorische Kontrolle zu den großen Bereichen der Qualitätssicherung.

Hygiene in Produktionsräumen

Die Anforderungen an Räume (Betriebsstätten), in denen Obst be- und verarbeitet wird, sind gesetzlich genau geregelt. Betriebsstätten sind Einrichtungen, in denen Lebensmittel hergestellt, behandelt oder in den Verkehr gebracht werden. Sie müssen so beschaffen sein, dass eine gute Lebensmittelhygienepraxis zum Schutz der Lebensmittel gegen nachteilige Beeinflussung gewährleistet ist. Die folgende Aufzählung gibt eine Übersicht über die Anforderungen und die damit verbundenen baulichen Notwendigkeiten für diese Betriebsstätten:
– Eine Reinigung und erforderlichenfalls eine Desinfektion muss möglich sein.

- Es müssen geeignete Temperaturen für ein hygienisch einwandfreies Herstellen, Behandeln oder Inverkehrbringen von Lebensmitteln herrschen.
- Betriebsstätten müssen sauber und instand gehalten werden.
- Es müssen in ausreichender Zahl leicht erreichbare Handwaschbecken vorhanden sein, ebenso Toiletten mit Wasserspülung, bei denen eine einwandfreie Ableitung erfolgt. Die Toiletten müssen mit Handwaschbecken ausgestattet sein und dürfen keinen direkten Zugang zu Räumen haben, in denen Lebensmittel hergestellt, behandelt oder in Verkehr gebracht werden.
- Für Handwaschbecken muss eine Warm- und Kaltwasserzufuhr vorhanden sein. Darüber hinaus müssen Mittel zum hygienischen Reinigen und Trocknen der Hände vorhanden sein.
- Es muss eine ausreichende natürliche oder mechanische Be- und Entlüftung vorhanden sein. Mechanische Luftströmungen aus einem unreinen zu einem reinen Bereich sind zu vermeiden. Lüftungssysteme müssen so installiert sein, dass Filter und andere Teile, die gereinigt oder ausgetauscht werden müssen, leicht zugänglich sind.
- Alle sanitären Einrichtungen müssen über eine ausreichende natürliche oder mechanische Be- und Entlüftung verfügen.
- Betriebsstätten müssen über eine ausreichende natürliche oder künstliche Beleuchtung verfügen.
- Die Abwasseranlagen müssen für den beabsichtigten Zweck ausreichend und so beschaffen sein, dass es nicht zu einer nachteiligen Beeinflussung von Lebensmitteln kommen kann.
- Für ausreichend Umkleidemöglichkeiten für das Personal ist, soweit erforderlich, zu sorgen.

Bauliche Anforderungen

Räume in Betriebsstätten müssen, um die genannten hygienischen Anforderungen zu erfüllen, folgende baulichen Notwendigkeiten aufweisen:

Die **Fußböden** sind in einwandfreiem Zustand zu halten und müssen leicht zu reinigen und erforderlichenfalls zu desinfizieren sein. Sofern erforderlich, sind dabei wasserundurchlässige, wasserabstoßende und abwaschbare Materialien zu verwenden. Gegebenenfalls muss auf den Fußböden eine angemessene Ableitung des Abwassers möglich sein.

Die **Wandflächen** sind erforderlichenfalls mit glatten Oberflächen bis zu einer für die entsprechenden Arbeitsvorgänge angemessene Höhe zu versehen. Sie sind in einwandfreiem Zustand zu halten und müssen leicht zu reinigen und erforderlichenfalls zu desinfizieren sein. Sofern erforderlich, sind dabei wasserundurchlässige, wasserabstoßende oder abwaschbare Materialien zu verwenden.

Die **Decken und Deckenvorrichtungen** müssen so beschaffen sein, dass Ansammlungen von Schmutz und Kondenswasser sowie unerwünschter Schimmelbefall und Ablösung von Materialien vermieden werden.

Fenster und sonstige Öffnungen müssen so beschaffen sein, dass Schmutzansammlungen vermieden werden. Können Fenster oder Öffnungen ins Freie geöffnet werden, müssen sie mit zu Reinigungszwecken leicht entfernbaren Insektengittern ausgestattet sein. Türen und Fenster müssen leicht zu reinigen und erforderlichenfalls zu desinfizieren sein. Sie müssen mit glatten und wasserabstoßenden Oberflächen versehen sein.

Oberflächen, einschließlich der Oberflächen von Einrichtungen, die mit Lebensmitteln in Berührung kommen, sind in einwandfreiem Zustand zu halten und müssen leicht zu reinigen und erforderlichenfalls zu desinfizieren sein. Sofern erforderlich, sind für die Oberfläche von Einrichtungen hygienisch unbedenkliche, glatte und abwaschbare Materialien zu verwenden.

Betriebsfremde Tätigkeiten dürfen in den Räumen nicht ausgeführt werden.

Zum **Reinigen von Lebensmitteln** müssen erforderlichenfalls geeignete Vorrichtungen vorhanden sein. Reinigungsbecken und andere für das Reinigen von Lebensmitteln bestimmte Vorrichtungen müssen je nach Bedarf über eine angemessene Zufuhr von warmem kaltem Wasser verfügen und saubergehalten werden. Vorrichtungen zum Reinigen von Lebensmitteln müssen von den Handwaschbecken getrennt sein. Soweit erforderlich, müssen zum Reinigen und Desinfizieren von Arbeitsgeräten und Ausrüstungen geeignete Vorrichtungen vorhanden sein. Diese Vorrichtungen müssen aus korrosionsbeständigen Materialien bestehen, leicht zu reinigen sein und eine ausreichende Warm- Kaltwasserzufuhr besitzen.

Was bedeutet das für den Brenner?

Für eine zeitgemäße einwandfreie Obstverarbeitung müssen diese Bedingungen erfüllt werden. Die Beratungspraxis zeigt jedoch oftmals das Gegenteil – gestampfter Lehmboden, Hallen in denen Geräte und Maschinen der Landwirtschaft untergebracht sind, oder alte, schimmelige Keller. Schon allein aus arbeitstechnischen Gründen muss vielfach eine Modernisierung in Richtung Hygiene unternommen werden. Ein sauberer Raum, verfliest mit einer festen, abwaschbaren Decke und einer entsprechenden Entlüftung sorgt für gute und saubere Arbeitsbedingungen im eigenen Betrieb und es ist auch möglich, den Kunden durch diese Räume zu führen. Wichtig ist auch, dass kein Schimmel entstehen kann. Nicht nur, dass dies unhygienisch ist, die Wand unsauber aussieht, sondern meist führt Schimmelbefall zu einer Kreuzkontamination und damit zu verdorbenen Produkten.

Eine entsprechende Reinigung und Desinfektion muss möglich sein, auch wenn nicht alle Punkte zugleich erfüllt werden können. Es sollte aber bei allen baulichen Tätigkeiten daran gedacht werden. Die Möglichkeit der Reinigung in den Räumen und ein Arbeiten mit Wasser und Desinfektionsmittel muss auch bei einfachsten Bedingungen gegeben sein. Um Bakterien in der Produktion von Getränken auszuschalten, ist es notwendig, alle Gebinde, Geräte und Leitungen immer peinlichst sauber zu halten. Dies gilt besonders nach der Arbeit, da der vorhandene Zucker als optimale Bakteriennahrung gilt. Auch die Wände, Decken und Böden sind immer wieder sauber zu reinigen. Zur Kellerreinigung bei verfliesten Böden und Wänden sind scharfe Putzmittel gut geeignet. Bei besonders starken Problembereichen ist eine Reinigung mit chlorierten Lösungen zu empfehlen. Ansonsten kann mit gewöhnlicher Sodalauge gereinigt werden. Vielfach führt auch ein Dämpfen der Räumlichkeiten und Leitungen zu passablen Ergebnissen.

Notwendige Aufzeichnungen

Die Herstellung von Edelbränden führt zwangsläufig auch zu einer Vielzahl an Aufzeichnungen.

Aufzeichnungen nach dem Alkoholsteuergesetz: Diese sind gesetzlich vorgeschrieben und beziehen sich auf die Maischeart, die Brenndauer, die Brennverfahren und die erzielte Alkoholmenge.

Aufzeichnungen über die Reinigung: Jeder Betrieb muss einen Reinigungsplan vorweisen können, beziehungsweise die durchgeführten Reinigungen dokumentieren können.

Aufzeichnungen über die Chargen: Ein Chargenbuch ermöglicht die Nachvollziehung der einzelnen Chargen.

Aufzeichnung der kritischen Kontrollpunkte: Das HACCP (Hazard Analysis Critical Control Points)-Konzept erfordert die Festlegung der kritischen Kontrollpunkte und diese müssen in der durchgeführten Kontrolle und Überwachung auch aufgezeichnet werden.

HACCP-Konzept Edelbrand

Kritischer Kontrollpkt.	Kriterien	Methode	Häufigkeit	Anforderungen	Maßnahmen
Rohware	Reife, Fäulnisanteil	visuelle Kontrolle, Refraktometer, Stärketest	jede Charge	gesundes, reifes, sauberes Obst	Entfernung von geschimmeltem, gefaultem Obst
Sortieren	Fäulnisanteil	visuelle Kontrolle	jede Charge	gesundes, reifes Obst	händische Aussortierung
Reinigung	Wasserqualität, Trübungsgrad	visuelle Kontrolle	jede Charge	Trinkwasserqualität, keine Trübung erkennbar	regelmäßiges Wechseln von Waschwasser oder ausreichenden Zufluss sichern, grobe Verunreinigungen entfernen
Zerkleinerung	Verletzen von Kernen, Steinen und Stielen, Zerkleinerungsgrad	manuelle Einstellung, visuelle Kontrolle	jede Charge	nicht zu fein einstellen, Kerne und Stiele nicht beschädigen	Gummiwalzen bei Beeren- und Steinobst, auf die Einstellung des Walzenabstandes achten, Rätzmühlen bei Kernobst
Säure	Art, Menge	siehe Produktbeschreibung	jede Charge	Maische auf einen pH-Wert von 3 bis 3,4 einstellen	sofortige Zugabe beim Einmaischen, gleichmäßiges Verteilen in der Maische

Kritischer Kontrollpkt.	Kriterien	Methode	Häufigkeit	Anforderungen	Maßnahmen
Hefezusatz	Art, Menge, Aufbrauchfrist, Rehydratisierung	siehe Produktbeschreibung	jede Charge	nach Produktbeschreibung in Wasser mit Temperatur von 35 bis 40 °C anrühren, 10 bis 20 g/hl, gute Hefe riecht hefig und frisch, vor der Zugabe umrühren	
Gärung	Gärtemperatur, Gärintensität, Gärende	Thermometer, Zuckerbestimmung, Gärkurve, Clinitest	täglich, jede Charge	Gärtemperatur 16 bis 20 °C, Restzucker obstartenweise unterschiedlich	kühlen bzw. aufwärmen, Bestimmung des Gärendes (Refraktometer, Clinitest, Probedestillation)
Maischelagerung	mikrobiologische Stabilität, Lagerdauer	analytische und optische Veränderung der Maische	jeder Behälter	gesunde Maische	gekühlte Lagerung, luftdichter Verschluss, baldigste Verarbeitung
Destillation	sauberer Mittellauf	sensorische Abtrennung von Vor- und Nachlauf	jeder Brennvorgang	sauberer und fruchttypischer Mittellauf	noch einmal destillieren
Lagerung	Gebinde, Geschmack, Raumklima	visuelle und sensorische Kontrolle	regelmäßig, jede Charge mindestens ein Mal im Monat	geruchsfrei und geschmacklos	anderes Gebinde wählen
Einstellung der Trinkstärke	mindestens 37,5 % Vol., bei Weinbrand mindestens 36,0 % Vol.	eichfähige Alkoholspindel	jede Charge	saubere Messzylinder und Spindel, luftbalsenfreie Flüssigkeit, enthärtetes Wasser (chlor- und schwermetallfrei)	eichfähige Alkoholspindel
Filtration	Klarheit und Stabilität	visuelle und analytische Kontrolle	jede Charge	kaltstabil, klar	nochmals kühlen und filtrieren

Kritischer Kontrollpkt.	Kriterien	Methode	Häufigkeit	Anforderungen	Maßnahmen
Abfüllung	Sauberkeit der Flaschen, Klarheit des Edelbrandes, Füllmenge	visuelle Kontrolle	jede Charge	saubere, reine Flaschen, Fertigverpackungsverordnung	verschmutzte Flaschen entfernen, genaue Etikettenangabe, Füllhöhe korrigieren
Aufbewahrung	Temperatur, Helligkeit	Thermometer, visuelle und sensorische Kontrolle	jede Charge	15 bis 20 °C, dunkel	Kühlung, Belüftung

Qualitätssicherung Alkoholkontrolle

Richtiges Verkosten von Edelbränden

Bisher werden in diesem Buch vor allem Maßnahmen zur Erreichung einer bestimmten Qualität beschrieben. Im folgenden Abschnitt wird das Ver-

kosten von Edelbränden und die damit einhergehenden Schwierigkeiten und Vorgänge im menschlichen Körper etwas näher betrachtet. Um einen Brand entsprechend verkosten zu können, bedarf es der vollen Fähigkeit von drei menschlichen Organen. Dem Auge – um die Farbe und das Aussehen zu betrachten, der Nase – um die einzelnen Geruchsverbindungen festzustellen und dem Mund, mit dem Sinnesorgan Zunge – um den Geschmack zu definieren.

Aus psychologischer Sicht werden bei der Verkostung vier Aktivitäten festgestellt.

Die **Intuition**, die den ersten Eindruck darstellt. Am einfachsten kann es folgend definiert werden. „Ich glaube etwas zu erkennen."

Die **Überlegung** als zweiter Schritt lässt den Verkoster dann nachdenken, was es sein könnte. „Dies kann einfach erklärt werden. Das könnte Steinobst sein."

Die **Wahrnehmung** als nächster Schritt, lässt dann die einzelnen spezifischen Kriterien des Produktes erkennen. Die einfache Beschreibung würde hier lauten. „Durch den Stein in der Nase und den typischen Zwetschkengeschmack am Gaumen ist das Zwetschke."

Das **technische Wissen** als Viertes hat nun bereits zugeschlagen. Der Verkoster weiß, innherhalb von Sekundenbruchteilen, dass Zwetschke so schmeckt und einen Steingeschmack haben kann.

Empfindungen unserer Nerven werden ins Gehirn weitergeleitet und wie in einem Puzzle zugeordnet. Und das Gehirn sagt uns, was es ist. Dabei hilft uns die Erinnerung und das Erkennen von bereits vorhandenen „Puzzleteilen" in unserem Gehirn. Doch auch die dabei zu entwickelnde Sprache, mit der die einzelnen Empfindungen beschrieben werden können, gehört zu einem guten Schnapsbrenner.

Aufmerksamkeit entgegenzubringen. Auch diese geistige Tätigkeit ermüdet sehr stark. Vor allem, wenn viele Produkte hintereinander verkostet werden sollen. Dies merkt man sehr einfach, wenn viele Destillate derselben Obstart nacheinander verkostet werden. Dabei gewöhnt sich die Nase an bestimmte Geruchsverbindungen und das Ergebnis entspricht nicht mehr. Durch diese Belastung tritt eine immer stärker werdende Müdigkeit ein, durch die unsere Wahrnehmungsfähigkeit stark geschwächt wird. Recht häufig ist dies nach etwa zehn bis 15 Destillaten einer Obstart festzustellen.

Übung macht den Meister

Immer wieder Empfindungen verbal zu beschreiben und festzuhalten, und regelmäßiges Verkosten führen zu einem guten Merkvermögen. Bereits vorhandenes Wissen kann dann leichter aufgerufen werden.

Pausen machen

Spätestens nach 15 Proben sollte eine Pause gemacht werden.
Wie bereits beschrieben beginnen wir jede Verkostung mit dem Auge, dann folgt die Nase und erst zuletzt nehmen wir den Brand in den Mund.

Fähigkeiten des Verkosters

Es klingt nach angenehmer Arbeit, Schnaps zu kosten, doch jeder Brenner wird bestätigen, dass dies eine schwere Aufgabe ist. Zum einen durch die starke Beanspruchung der Geruchsnerven, die bei jedem unterschiedlich ausgeprägt sind. Nur etwa 12 % der Bevölkerung sind in der Lage einen Geruch richtig zu beschreiben und wieder zu erkennen. Der Rest erkennt den Geruch zwar wieder, kann ihn jedoch nicht richtig definieren und einige erkennen den Geruch gar nicht mehr. Deshalb ist es notwendig dem Produkt eine entsprechende

Aussehen

Das Aussehen eines Brandes ist entweder klar und farblos, oder leicht gelb bis bernsteinfarben gefärbt. Sollte der Brand trüb oder unnatürlich verfärbt sein, so deutet dies immer auf gravierende Fehler in der Produktion hin.

Geruch

Durch das kurze und oftmalige Abriechen eines Brandes (Schnüffeln wie ein Hund) können bei etwa 50 Millionen Riechzellen über 1000 Gerüche unterschieden werden. Nachdem unsere Nasen nicht mehr alle Geruchsverbindungen unterscheiden können, werden diese Empfindungen ins Gehirn weitergeleitet und dann dementsprechend verarbeitet. Das Glas wird ohne zu schwenken an die Nase geführt und der Brand berochen. Erst nach dem ersten Abriechen erfolgt das Schwenken des Glases, um weitere Duftstoffe freizusetzen. Neben den Fruchtaromen werden hier auch noch die Reinheit und die Intensität, sowie weitere Aromaverbindungen die für den Gesamteindruck wichtig sind, mitbewertet. Als gut kann ein Brand beschrieben werden, der deutlich nach Frucht riecht, harmonisch im Gesamteindruck in der Nase ist, und weder sticht noch brennt. Stoffe, die Abneigungen hervorrufen, sind als nicht entsprechend einzustufender Qualität und meist auch durch Fehler bei der Bereitung hervorgerufen.

Fachgerechtes Riechen

Ein schräg an die Nase geführtes Glas hat eine größere Oberfläche. Es ist auch empfehlenswert, mit der besser ausgeprägten Nasenseite zu riechen. Dies ist bei Linkshändern zumeist die linke Seite, bei Rechtshändern die rechte.

Geschmack

Mit den Grundgeschmacksrichtungen süß, sauer, salzig und bitter, sowie den aromatischen Verbindungen, die beim Ausatmen festgestellt werden, sind wir in der Lage auf der Zunge den Geschmack

festzustellen. Die Zunge ist in verschiedene Geschmackszonen unterteilt. Auf der Zungenspitze empfindet man süß, auf den vorderen Seitenrändern salzig, auf den hinteren Randzonen sauer, und auf dem Zungenansatz nimmt man den bitteren Geschmack wahr. Dabei wird der Brand in einem nicht zu kleinen Schluck in den Mund genommen und gleichmäßig auf der Zunge verteilt. Durch das Schlürfen und Schmatzen, bei dem Luft eingesaugt wird, werden die Aromastoffe freigesetzt und in den Nasen-Rachen-Raum transportiert. Der Brand verbleibt etwa fünf bis zehn Sekunden am Gaumen und wird anschließend ausgespuckt. Möglichst schnell danach sollte der Gaumen mit kaltem Leitungswasser ausgespült werden, um den Alkohol und die Geschmacksbeeinträchtigung gering zu halten. Ein guter Brand ist mild, rund, elegant im Geschmack, in seiner Harmonie ausgewogen, geschmeidig und vielschichtig und von der Frucht als typisch, fruchtig mit deutlichem Charakter anzusehen.

Das richtige Glas

Das Glas bei einer Verkostung ist immer ein Thema. Jeder Hersteller und Glasdesigner bietet inzwischen schon Spezialgläser für einzelne Obstarten an. Verkostungen mit unterschiedlichen Gläsern zeigen auch unterschiedliche Ergebnisse. Bei großen Verkostungen wird zumeist mit bauchigen und in der Mitte verjüngenden Gläsern verkostet. Das perfekte Glas konnte bisher noch nicht entdeckt werden. Persönliche Präferenzen ergeben auch unterschiedliche Empfindungen. Auf jeden Fall sollte ein gutes Schnapsglas Eleganz und edles Ambiente vermitteln, da der Brand auch etwas

Hochwertiges ist. Da zuerst das Auge den Brand wahrnimmt, sollte das Glas schlicht und unverziert sein.

Dickwandige, nahezu undurchsichtige Gläser, Gläser mit Gravur oder die einfachen Gläser aus dem Schihüttenambiente sind bei guten Produkten nicht mehr zeitgemäß.

Verkosterglas

Immer mit demselben Glas verkosten und auch bei der Präsentation beim Kunden dieses Glas verwenden, damit der Eindruck am Gaumen auch beschrieben werden kann. Beim Hersteller ist der Brand dann bekannt.

Sensorische Vokabeln und ihre Basis

Bezeichung für den Geschmack	Basis des Geschmacks
alkoholisch	Ethanol
fuselig	höhere Alkohole
grasig	C-6-Aldehyde
grüne Blätter	C-6-Aldehyde und C-6-Alkohole
krautig	Hexanal, Hexanol, Butanol
grüner Apfel	Trans-2-Hexanol
Apfel	Ethyl-2-Methylbutyrat
parfümiert	intensive Fruchtester, Terpene
süßlich	höhere Fruchtester, Vanille
würzig	Terpenalkohole, Terpene
Muskat	Linalool, Terpene
Bittermandel	Benzaldehyd
oxidiert	Acetaldehyd, fehlende Frucht
ölig	Pflanzenöl, Hexenole
ranzig	Fettoxidation, Buttersäure

(Die Tabelle ist entnommen aus: Seminarunterlagen für Verkoster, Bad Kleinkirchheim 1996)

Vokabular zur Beschreibung von Edelbränden

Rohstoff-kategorie	Obstart/Obstsorte	erwünschter Geruch bzw. Geschmack	unerwünschter Geruch bzw. Geschmack	Bemerkungen
Kernobst	Apfel	Apfel, geriebener Apfel, grüner Apfel, leicht grasig	Birne, grasig, alkoholisch, Fusel	sehr unterschiedliche Brände
	Gravensteiner intensiv	geriebener Apfel, grüner Apfel,	grasig, gekochter Apfel, dumpfer Abgang brand	eher typisch, breiter Apfel-
	Golden Delicious	Apfel, leichter Bananenester, süßlich, eher breit	grüner Apfel, grasige Note, alkoholisch	untypisches, einseitiges bananenartiges Aroma, nussig, breit
	Jonagold, Arlet	Apfel, leicht grasig, aromatisch, nussig	gekochter Apfel, alkoholisch, grasig, bitter	intensiver, deutlich wahrnehmbarer Apfel
	Mc Intosh, Jersey Mac	würzig, süßlich, parfümiert, pilzige Noten	neutral, grasig, alkoholisch	sehr intensiver Apfel mit deutlich wahrnehmbarem Charakter
	Bohnapfel	Apfel, grasige Note mit leicht dumpfem Abklang	muffig, fauler Apfel, stark grasig	Aroma deutlich ausgeprägt bei reifer Frucht
	Gloster	fruchtiger Apfel, grasige Note, grüner Apfel	stark grasig, alkoholisch, pilzig	Aroma wenig ausgeprägt
	Cox Orange, Rubinette	Apfel, nussige Aromatik, würzig	stark grasig, faule Nuss, alkoholisch	sehr intensiver Apfel mit deutlichem Charakter

Rohstoff- kategorie	Obstart/Obstsorte	erwünschter Geruch bzw. Geschmack	unerwünschter Geruch bzw. Geschmack	Bemerkungen
	Gute Luise, Alexander Lukas	Birne, leicht grasig, nussiger Abgang	teigige Aromen, ölig, oxidiert, unreif	eher neutrale Birne mit nussigem Abgang
	Williamsbirne	Birne, intensiv fruchtige Aromatik, schwach grasig	ölig, teigig, brotig, ranzig, oxidiert	etwas ein- seitiges Aroma, deutlich wahr- nehmbar, typisch
	Mostbirnen	intensive Birne, deutlicher Charakter, fruchtig	starker Acetaldehyd, überreif, teigig, ölig, ranzig, oxidiert	sehr unter- schiedlich, einzelne Sorten mit Aldehyd
	Subirer	typische Birne, würzig, fruchtig, leichter Williamston	ranzig, breit, ölig, petrolig, dumpf, überreif	feingliedrige Birne mit typischer Frucht
	Quitte	Qitte intensiv, leicht grasige Note, zitrus	grasig, ranzig, alkoholisch, „Haarton"	stark ausge- prägter Brand mit deutlichem Aroma
	Mispel	feingliedrig, fruchtig, leichter Dörrbirnen- charakter	dumpf, breit, muffiger Kletzenton	ein zarter Brand mit würziger Aromatik
	Speierling	leichtes Marzipan, apfelige Aromatik mit birniger Note	alkoholisch, nur Marzipan, bitter, dumpf, ölig	zarte Frucht mit leichtem Bittermandel- ton
	Elsbeere	aromatischer Brand, leichtes Marzipan, nussige Töne	alkoholisch, ölig, grasig, ranziger Ton	feingliedrige Aromatik, die lange stabil bleibt
	Vogelbeere	typische Fraucht, leicht grasig, harmonisches Marzipan	alkoholisch, oxidiert, krautig, nur Marzipan, deutlich bitter	typisches inten- sives Aroma, aromatische Frucht

Rohstoff-kategorie	Obstart/Obstsorte	erwünschter Geruch bzw. Geschmack	unerwünschter Geruch bzw. Geschmack	Bemerkungen
Steinobst	Zwetschke, Pflaume	typischer Zwetsch-kenton, würzig, minimaler Stein	viel Bittermandel, grasig, alkoholisch	großfruchtige Zwetschken und Plaumen sind eher neutral
	Hauszwetschke	intensive Frucht, leichter Staubton, zarter Stein	nur Stein, grasig, alkoholisch, staubiger Fruchtcharakter	typische Sorte für Zwetsch-kenbrand
	Kriecherl	intensive Frucht, zarter Stein, grasig-grüne Aromatik	nur Stein, grasig, alkoholisch, Mirabellenton	üblicherweise eher ins Grüne gehender Brand
	Süßkirsche	dezente Kirsche, wenig Bittermandel, Schokoton	viel Bittermandel, grasig, laktisch, Essigester	deutliche Sorten-unterschiede mit typischer Frucht
	Sauerkirsche, Weichsel	wenig Bittermandel, würzige Frucht, klarer Weichselton	viel Bittermandel, kaum Frucht, grasig, laktisch	typisches, inten-sives Aroma
	Wildkirsche, Vogelkirsche	harmonische Bitter-mandel, würzig, deutliche Schokonote	nur Bittermandel, grasig, alkoholisch, faule Frucht	intensives Aroma Aroma, nussiger Brand mit deut-lichem Charakter
	Traubenkirsche	deutlich Bittermandel, herbe Frucht mit würzigem Abgang	nur Bittermandel, grasig, alkoholisch, faule Frucht	sehr intensiver Brand mit deut-licher Aromatik
	Mirabelle	Mirabelle, süßlich, bonbonartig, würzig, leicht Bittermandel	nur Bittermandel, grasig, alkoholisch, faule Frucht, sehr bitter	deutliche Frucht mit ausge-prägtem Aroma
	Marille, Aprikose	minimal Bittermandel, deutliche Frucht, Rosenholz	Bittermandel, grasig, alkoholisch, oxidiert	ausgeprägte Frucht, deutliche Sortenunter-schiede
	Pfirsich	fruchtig, Pfirsich, leicht seifig, zarte Aromatik	seifig, estrig, grasig, Bittermandel	deutlich ausge-prägtes Aroma, geringe Sorten-unterschiede

Rohstoff-kategorie	Obstart/Obstsorte	erwünschter Geruch bzw. Geschmack	unerwünschter Geruch bzw. Geschmack	Bemerkungen
	Kornelkirsche	zarte Nusstöne, würzig, leicht öliger Charakter	ölig, Bittermandel, oxidiert, dumpf	feingliedrige Frucht, die lang anhaltend ist
	Schlehe	dezentes Zwetschken-aroma, leicht Bitter-mandel, mild	nur Bittermandel, grasig, alkoholisch, faule Frucht	intensives, stein-betontes Aroma
Beerenobst	Himbeere	intensiv Himbeere, deutlich, würzig, nussig	oxidiert, grasig, ölig, alkoholisch, kernig	schwierig zu destillieren, da das Aroma leicht flüchtig ist
	Brombeere	fruchtig, intensive Brombeere, beerig	Pferdeschweiß, grasig, oxidiert, ölig, alkoholisch	stabiles Aroma, das bei speziel-len Sorten sehr intensiv ist
	Erdbeere	Erdbeere, zarte Konfitüre, fruchtig, süßlich	künstlich, faulig, grasig, parfümiert, nussig, ölig	flüchtiges Aroma, dauert, bis es sich ent-faltet
	Johannisbeere, schwarz	Cassis, grasig, würzig, leicht adstringierende Kammaromatik	dumpf, nur adstrin-gierend, ölig, oxidiert, alkoholisch	ausgeprägte Frucht mit deutlichem Aroma
	Johannisbeere, rot/weiß	dezent beerig, leichtes Cassis, etwas grasig	dumpf, nur grasig, grün, oxidiert, alkoholisch, ölig	ausgeprägte Frucht, ver-haltener als schwarze Ribisel
	Josta	leichtes Cassis, beerige Aromatik, kaum grasig	nur grasig, dumpf, ölig, oxidiert, alkoholisch	erinnert an dezente schwarze Johannisbeere
	Heidelbeere	leicht heuig, würzig, Waldcharakter, nus-siger Anklang	nur Wald oder heuig, grasig, krautig, medizinisch	deutlicher Unter-schied zwischen Wald- und Kul-turheidelbeere

Rohstoff-kategorie	Obstart/Obstsorte	erwünschter Geruch bzw. Geschmack	unerwünschter Geruch bzw. Geschmack	Bemerkungen
	Preiselbeere	würzig, leicht heuig, dezentes papieriges Aroma	grasig, dumpf, nur Heu, reines Papier, muffig	schwierig zu destillieren, da Aroma leicht flüchtig
	Holunder	fruchtig, leichter Blütenton, grasig, mild	Pferdeschweiß, nur grasig, ölig, oxidiert, alkoholisch	ausgeprägtes Aroma mit deutlichem Abgang
	Hagebutte	nussig, fruchtig, beerig, leichtes Marzipan kann vorkommen	ölig, oxidiert, Pferde-schweiß, nur Marzipan	aromatisch, fruchtig mit klarer Wieder-erkennung
Rund um die Traube	Traube	deutlicher Sorten-charakter, intensive Frucht, breiter Abgang	alkoholisch, Fusel, hefig, schwefelig, dumpf, kaum Frucht	nur Muskat bringt intensives Aroma, eher schwierig im Aroma
	Branntwein aus Wein	Sortencharakter, leichte Hefe, wenig	nur Hefe, fuselig, alkoholisch, schwefelig, dumpf	geht leicht in Richtung Traubenbrand
	Weinbrand	harmonisches Holz, weinig, Vanille, würziger Abgang	unharmonisches Holz, oxidiert, alkoholisch, bitter	wichtig ist die Kombination Holz und Frucht
	Traubentrester	traubig, würzige Frucht, deutliche Tresternote, leicht grasig	Acetaldehyd, faulig, oxidiert, alkoholisch, bitter	Aroma und Tresternote müssen erhalten bleiben
	Trester in Holz	traubig, deutliche Tresternote, leicht grasig, harmonisch	Acetaldehyd, faulig, oxidiert, alkoholisch, bitter, unharmonisch	Holz und Frucht müssen weich sein
	Hefe	deutliche Hefenote, mild, weich, leicht ölig, fruchtig	faulig, oxidiert, alkoholisch, Fusel, schwefelig, bitter	Aroma ausge-prägt und kom-plex am Gaumen
	Hefe in Holz	deutliche Hefenote, weich, leicht ölig, fruchtig, harmonisch	oxidiert, alkoholisch, Fusel, schwefelig, bitter, unharmonisch	Aroma ausge-prägt und kom-plex am Gaumen

Wirtschaftlichkeit

Die folgende Kalkulation am Beispiel eines Abfindungsbrenners zeigt die wirtschaftlichen und kalkulatorischen Aspekte der Brennerei. Da die Gesamtproduktion und die gesamte Produktpalette der als Beispiel herangezogenen Brennerei den Rahmen sprengen würde, wurde nur ein Bereich – die Produktion von Apfelbrand – herausgenommen.

Investitionskosten

Die Investitionen des beispielhaften Betriebes unterteilen sich in die Bereiche bauliche Maßnahmen, Maschinen und Geräte sowie die anteiligen Vermarktungskosten. An baulichen Maßnahmen war es notwendig den Raum auf entsprechenden Lebensmittelstandard zu bringen, was mit dem Verfliesen der Wände und des Boden sehr einfach erfolgte. Zusätzlich wurden Warm- und Kaltwasser in den Brennraum und ein Kamin für den Rauchabzug verlegt. Die Gesamtkosten dafür beliefen sich auf etwa 5.000,– Euro was vor allem durch die eigene Arbeitskraft so günstig bewerkstelligt werden konnte. Auch die Kosten der Anschaffung des Brenngerätes konnten durch kluge Verhandlungen und Preisvergleichen, verschiedenster Anbieter auf einem relativ niedrigen Niveau bleiben. Auf teure Extras, die eigentlich nur Schauzwecken dienen und für die Herstellung von Qualität notwendig sind, wurde gezielt verzichtet. An Geräten fürs Einmaischen fallen keine Kosten an, da

Berechnung der Investitionskosten

Anschaffungen	Anschaffungskosten in €	Abschreibung pro Jahr in %	Abschreibung pro Jahr in €	Instandhaltung pro Jahr in %	Instandhaltung pro Jahr in €
Verfliesen und Wasseranschluss	5.000,00	5	250,00	2	100,00
Brenngerät	7.600,00	10	760,00	2	152,00
Maischepumpe	1.200,00	10	120,00	2	24,00
Gär- und Lagerbehälter	2.400,00	10	240,00	2	48,00
Verkaufsraum	850,00	10	85,00	2	17,00
Summe	**17.050,00**		**1.455,00**		**341,00**
Eigenkapital		Zinssatz in % 3,50	Zinssatz pro Jahr in € 596,75		

dazu völlig abgeschriebene Geräte verwendet werden. Die Kosten für Maischebehälter und Lagerbehälter für Edelbrand konnten bei den Maischebehältern durch Kunststofftanks und der Verwendung von Weinlagerbehältern außerhalb der Weinsaison günstig gehalten werden. Die Lagerung der fertigen Brände erfolgt in Edelstahlbehältern, die in entsprechender Qualität auch etwas teurer waren.

Preiskalkulation

Die Preiskalkulation wurde so geführt, dass die Kostenwahrheit gewahrt wurde, ohne die preislichen Gegebenheiten der Region zu übersehen. Dies konnte durch unterschiedliche prozentuelle Aufschläge erreicht werden. Der rechnerische Verkaufspreis setzt sich aus den festen und variablen Kosten sowie einem zehnprozentigen Risikozuschlag und einem kalkulatorischen Unternehmerlohn zusammen und wurde einfach durch die Gesamtmenge dividiert und auf die einzelnen Flaschengrößen rückgerechnet. Durch den prozentuellen Aufschlag ergibt sich der rechnerische Netto-Verkaufspreis. Da dieser Preis, vor allem bei der 1-Liter-Flasche, deutlich über dem regionalen Verkauf liegt, musste hier ein wesentlich geringerer Aufschlag angenommen werden. Um diese Verluste wettzumachen, wurden die Preise bei den Kleinflaschen entsprechend angehoben, was sich auch am Markt gut realisieren lässt. Die Abfüllung erfolgt somit in alle erlaubten Flaschengrößen, um für jeden Kunden entsprechende Größen realisieren zu können. Bei einer Jahresproduktion von etwa 380 Litern ergibt sich somit ein Gesamterlös von 9.363,– Euro. Die variablen Kosten setzen sich aus den Rohstoffkosten, den Flaschenkosten und den Kosten für

zusätzliches Arbeitsmaterial, wie Filterschichten und Holz zusammen. Die tatsächlichen Rohstoffkosten ergeben sich jedoch hauptsächlich durch die Kosten des Grundmaterials und der Ausbeute. Vielen Lesern werden 0,3 Euro für einen Kilogramm Verarbeitungsäpfel hoch erscheinen, doch durch das Qualitätsdenken des Betriebes werden nur baumfallende Früchte verwendet. Das heißt, die gesamte Rohware wird geerntet, Früchte, die am Boden liegen, werden nicht mehr verwendet. Die Bestimmung der Kosten für die Arbeitsstunden erfolgte nach Aufzeichnung der geleisteten Arbeit durch den Betrieb. Die Kosten je Akh (Arbeitskraftstunde) wurden von den ortsüblichen Maschinenringkosten abgeleitet. Sicherlich wäre hier für den einzelnen Betrieb ein höherer Ansatz möglich. Darunter sollte von keinem Betrieb die Akh angesetzt werden.

Nach der Berechnung der variablen Kosten ergibt sich ein Deckungsbeitrag von 7.618,– Euro. Der Deckungsbeitrag ist die Summe der Erlöse abzüglich der variablen Kosten.

Die Kapitalkosten ergeben sich aus der Abschreibung, der Instandhaltung und den Zinsen und weisen einen Gesamtbetrag von 2.392,– Euro auf. An weiteren festen Kosten ergeben sich Telefonkosten, Werbungskosten und Kosten für die Aufzeichnungen, die hier anteilig mit 22 % vom Gesamtbetrieb eingerechnet wurden. Insgesamt macht dies 763,– Euro jährlich aus. Somit ergeben sich Gesamtfestkosten von 3.155,– Euro. Die Gesamtkosten aus festen und veränderlichen Kosten machen 4.900,– Euro aus. Dementsprechend ergibt sich dann nach Abzug der Gesamtkosten von den Erlösen ein Gewinnbeitrag von 4.462,– Euro.

Die Lohnkosten für nicht entlohnte Arbeit ergeben sich aus den Kosten, die durch die Arbeitsaufzeichnungen ermittelt wurden. Dabei ist der Hauptanteil in der Vermarktung angesetzt. Dies zeigt auch, dass der Ab-Hof-Verkauf entsprechend arbeitsaufwändiger ist als zum Beispiel die Belieferung eines Geschäftes. Insgesamt führt dies zu einer Summe von 1.109,– Euro. Somit ergibt sich bei einer Jahresproduktion von etwa 380 Litern Apfelbrand ein Gewinn nach Abzug der Arbeitskosten von 3.352,– Euro.

Kostenrechnung

Erlöse

Jahresproduktion fertiger Brand: 387,41 Liter

davon verkauft: 345 Liter

Nettokosten je Liter: € 15,96

Gebindegröße in l	Anzahl Gebinde	Nettokosten je Einheit in €	Verkaufspreis pro Einheit in €	Gesamterlös pro Gebindegröße in €
0,1	500	1,60	3,51	1.756,08
0,2	350	3,19	6,39	2.235,01
0,35	400	5,32	10,38	4.150,73
0,5	90	7,98	13,57	1.221,27
1	40	15,96	23,95	957,86
Gesamtsumme aller Erlöse				**9.363,09**

Variable Kosten

Posten				Kosten in €
Rohware	Preis je kg, € 0,30	Ausbeute in %, 3,40	Rohwarenkosten je LW, € 8,82	1.411,76
Filterschichten	Preis je Stück, € 0,60	Schichten je 100 l, 6		64,57
Übertrag variable Kosten				*1.476,33*

Variable Kosten

Posten				Kosten in €
Übertrag variable Kosten				*1.476,33*
Wasser	Preis je m³ € 0,90	Wasserverbrauch in m³		1,80
Energie	Preis je Tag € 18,00	Tage, 1		18,00
Flaschen	Preis im Durchschnitt je Flasche € 0,42	Anzahl Liter 345		220,83
Etiketten	Preis je Etikett € 0,02			27,60
Gesamtsumme aller variablen Kosten				**1.744,57**
Deckungsbeitrag (Erlös minus variable Kosten)				**7.618,53**

Fixe Kosten

Posten	Kosten in €
Kapitalkosten	
Abschreibung	1.455,00
Instandhaltung	341,00
Zinsen	596,75
Kapitalkosten gesamt	2.392,75
Sonstige fixe Kosten	
Werbung	508,71
Telefon	145,35
Aufzeichnungen	109,01
Sonstige fixe Kosten gesamt	763,06
Gesamtsumme aller fixen Kosten	**3.155,81**
Gesamtkosten (variabel + fix)	**4.900,38**
Gewinnbeitrag (Erlös minus Gesamtkosten)	**4.462,71**

Lohnansatz für nicht entlohnte Arbeit		
Kosten je Arbeitskraftstunde (Akh) in €: 11,00		
Arbeitsschritt	Arbeitsaufwand in Akh/Jahr	Kosten in €
Einmaischen	2,9	31,90
Destillieren	45	495,00
Einstellen/Füllen	3	33,00
Vermarktung	50	550,00
Gesamtkosten Arbeit		**1.109,90**
Gewinn nach Abzug der Arbeit		**3.352,81**

Preiskalkulation

Kostenart	Kosten in €
Fixe Kosten	3.155,81
Variable Kosten	1.744,57
Risikozuschlag (10 % der var. Kosten)	174,46
Erwünschter Lohn nicht entlohnter Akh	1.109,90
Gesamtkosten im Jahr	6.184,74
Ergibt Kosten je Liter	15,96
Umsatzsteuer 20 % je Liter	3,19
Bruttokosten je Liter	**19,16**

Verkaufsgebinde	Nettopreis je Gebinde in €	Aufschlag in %	rechnerischer VK je Gebinde in €
0,1 l	1,60	120	3,51
0,2 l	3,19	100	6,39
0,35 l	5,32	95	10,38
0,5 l	7,98	70	13,57
1 l	15,96	50	23,95

Interpretation

Wie aus der Tabelle Kostenrechnung zu ersehen ist, machen vor allem die Rohstoffkosten und die Verpackung einen großen Teil der variablen Kosten aus. Allerdings kann dem entgegengehalten werden, dass bei einer besseren Rohware, auch zumeist ein entsprechend höherer Ausbeutesatz angesetzt werden kann. Dies ist vor allem bei der pauschalen Ermittlung der Ausbeute von Vorteil. Während der Recherche konnte auch festgestellt werden, dass Edelbrände vor allem über die Qualität und die Verpackung verkauft werden können. Zufriedene Kunden, die dementsprechend wieder einkaufen kommen, können nur über ein gutes Preis/Leistungsverhältnis erreicht werden. Die Vielzahl der Produkte ist bei Ab-Hof-Verkauf sicherlich ausschlaggebend. Die Kalkulation zeigt jedoch ganz deutlich, dass nur bei entsprechendem Vermarktungsaufwand Gewinne erzielt werden können und die Herstellung von Edelbrand bei der derzeitigen Vermarktungssituation für Betriebe mit kleinem Brennrecht nur als zusätzliches Standbein angesehen werden können.

10. Anhang

Arbeitssicherheit

Die Herstellung von Edelbrand birgt verschiedene Gefahren. Nicht nur das Destillieren selbst, sondern bereits ab der frischen Frucht. Aus diesem Grund sollen einige Gedanken zur Arbeitssicherheit hier Eingang finden.

Zerkleinerung der Rohware

Beim Zerkleinern der Rohware ist auf die Gefahr durch rotierende Messer, Einzwicken und Schnittverletzungen zu achten. Die Gefahrenhinweise auf den Geräten sollten sehr ernst genommen werden.

Gefahr durch Gärgase

Vor allem bei größeren Brennereien oder der Verwendung von größeren Maischebehältern entstehen in der Hauptgärung beträchtliche Mengen an Kohlendioxidgas. Dieses Gas ist geruchsneutral, unsichtbar und für den Menschen gefährlich. Aus diesem Grund sollte die Gärung immer in einem gut zu belüftenden Raum erfolgen. Kellerräume ohne Entlüftung sind für die Vergärung von Maische nicht geeignet.

Gefahren bei der Destillation

Das Destillieren ist eine Arbeit, bei der Behälter heiß sind und unter Druck stehen.

Gefahr durch Verbrennungen: Während der Destillation treten vor allem durch die Hitze immer wieder Verbrennungen auf. Diese können über einfache Berührungen des heißen Metalles mit Brandblasen bis zu tödlichen Verletzungen gehen. Insbesondere Kippkessel bergen hier eine große Gefahrenquelle. Aus diesem Grund sollten immer Schutzkleidung und hitzefeste Schuhe getragen werden. Auch die heiße Schlempe birgt ein großes Risiko in sich, welches vor allem für Kinder nicht zu unterschätzen ist.

Gefahr durch Explosionen: Durch den Druck und durch Rückbrennen aus dem Brennraum kann es zu explosionsartigen Entzündungen des Alkohol-Wasser-Gemisches kommen. Scherze über Mann, Maus und Hund, die den Brennraum mit Tür und Türstock verlassen haben, kommen immer von einem wahren Hintergrund.

Sicheres Ausgießen

Sonstige Gefahren

Sonstige Gefahren bestehen aus den allgemeinen Gefahren im bäuerlichen Betrieb. Dazu zählen das Stolpern über Leitungen, Schnittverletzungen durch gebrochenes Glas oder einfach der Umgang mit Werkzeugen und laufenden Maschinen. In Kombination mit Hitze kann dies jedoch zu deutlich größeren Verletzungen führen.

Aus diesem Grund sollte die Arbeit der Destillation immer in nüchternem Zustand und vor allem ohne Ablenkung erfolgen.

Rechtliche Bestimmungen

Die Definition der Produkte erfolgt durch die Europäische Spirituosenverordnung in der jeweils gültigen Fassung. Die Herstellung von Alkohol ist national geregelt und in jedem Staat unterschiedlich geregelt. Für den werten Leser ist daher vor der Alkoholherstellung unbedingt die rechtliche Situation abzuklären. Je nach Produktionsverfahren sind dann unterschiedliche Abgaben zu entrichten und Auflagen zu erfüllen. Über allen Gesetzen steht die Europäische Spirituosenverordnung in der jeweils gültigen Fassung (nachzulesen unter www.eur-lex.europa.eu/de/index.htm).

Für **Österreich** relevante Gesetze sind:
Das Codexkapitel B23 im Codex Alimentarius Austriacus Alkoholsteuergesetz, die Lebensmittelkennzeichnungsverordnung und die Fertigpackungsverordnung.
Links: http://ris.bka.gv.at/auswahl/ > Bundesrecht > Alkoholsteuergesetz
http://www.bmgf.gv.at > Lebensmittel > Rechtsvorschriften in Österreich > Lebensmittelkennzeichnung
Die **deutschen Brennrechte** sind in der Deutschen

Brennereiordnung geregelt. Die Lebensmittelkennzeichnungsverordnung und die Fertigpackungsverordnung sind ident.
Link: http://bundesrecht.juris.de > Gesetze/Verord-
nungen > B > Brennereiordnung
Für die **Schweiz** gilt die Verordnung des Eidgenös-
sischen Departements des Innern (EDI) über alkoholische Getränke.
Link: http://www.admin.ch > Gesetzgebung > Sys-
tematische Sammlung > Landesrecht > Verordnung
des EDI über alkoholische Getränke

Glossar

Abfindungsbrand: Alkohol, der zumeist im bäuerlichen Bereich hergestellt wird und meist steuer-
begünstigt ist. Verschiedene Beschränkungen sind
dabei zu beachten.
Acrolein: Ein tränengasartiges Stoffwechselpro-
dukt, das durch Erdbakterien verursacht wird.
Alkohol: Begriff für weitestgehend reinen Ethyl-
alkohol landwirtschaftlichen Ursprungs.
Alkoholschwinger oder Aräometer: Senkspin-
del zum Bestimmen des Alkoholgehalts. Sie ist in
den unterschiedlichsten Ausführungen erhältlich.
Amygdalin: Amygdalin ist ein Glykosid, das in
Gegenwart von Wasser Blausäure (HCN) abspaltet.
Aräometer: siehe Alkoholschwinger.
Benzaldehyd: Geschmack nach Bittermandel.
Unerwünscht, wenn er zu hoch wird.
BfB: Bundesmonopolverwaltung für Branntwein
(Deutschland)
Biegeschwinger: Gerät zur Kontrolle der Dichte.
Sehr genau und wird bei großen Betrieben zur
Alkoholbestimmung eingesetzt. Auch als Handge-
rät erhältlich.

Blase: Das Herz des Brenngerätes. In diesem Raum
wird die Maische erhitzt und der Vorgang des De-
stillierens ausgelöst.
Böden: Die Reinigungsvorrichtung in der Kolonne.
Üblicherweise Glocken oder Siebe.
Brennbuch: Darin zeichnet der Brenner alle Vorgänge und Tätigkeiten, die mit der Maische und der
Destillation in Zusammenhang stehen, auf.
Codex: Richtlinie für den Umgang mit Lebensmitteln. Darin werden alle Produktionsrichtlinien
geregelt.
Dephlegmator: Der oberste Teil des Brenngerätes
oder der Kolonne, in dem die aufsteigenden Dämp-
fe üblicherweise mit Wasser gekühlt und somit
gebremst werden.
Destillation: Physikalischer Vorgang, bei dem der
Alkohol aus der Flüssigkeit oder Maische über eine
gasförmige Phase abgetrennt wird.
Edelbrand: Alkohol, der aus Obst oder mehligen
Stoffen gewonnen wurde und der höchsten Quali-
tätsklasse entspricht. Es wird kein „fremder" Alko-
hol zugesetzt.
Enzyme: Natürliche Hilfsstoffe, die beinahe alle Vorgänge in der Natur steuern und beim Brenner zum
Aufschließen von Maische benötigt werden.
Ester: Ergebnisse natürlicher Reaktionen in der Mai-
sche, die von unangenehm bis sehr aromatisch rie-
chen und ein Bestandteil des Brandes sind.
Ethylacetat: Riecht nach Klebstoff, ist der Ester aus
Essigsäure und Ethylakohol.
**Ethylalkohol (Ethanol) landwirtschaftlichen
Ursprungs:** Reiner Alkohol, wie er die Grundlage
für viele weitere Verarbeitungsprodukte und Spiri-
tuosen ist. Definiert in der Spirituosenverordnung
(EU) 1576/89.
Ethylcarbamat: Kann aus Blausäure gebildet wer-
den und wirkt krebserregend.

Feinbrand: Das „Herzstück" des Brandes bei einer Kolonnendestillation, oder der Mittellauf bei doppelter Destillation. Dieser Teil wird gewöhnlich für den Edelbrand verwendet.

Fermentation: Jegliche Gärung wird als Fermentation bezeichnet. Dabei werden natürlich vorhandene Stoffe durch Bakterien oder Hefen umgewandelt.

Fraktion: Teil des Destillates, der je nach Qualität getrennt wird. Üblicherweise Vor-, Mittel- und Nachlauf.

Fusel: Ausdruck für minderwertige Alkoholarten. Üblicherweise höhersiedende Alkoholarten, die im Nachlauf zu finden sind.

Geist: Produkte, bei denen Beeren mit reinem Alkohol überzogen und anschließend destilliert werden.

Hefe: Einzellige Lebensform, die üblicherweise Zuckerarten in Alkohol umwandelt.

Ionentauscher: Gerät zur Enthärtung von Wasser. Wird bei hartem Wasser empfohlen.

Isoamylalkohol: Hauptalkohol, im Vorlauf zu finden. Deutlich stechend in der Nase.

Katalysator: Gerät zur Reinigung während des Brennens, mit sehr großer Kupferoberfläche. Damit kann der Cyanidgehalt deutlich verringert werden.

Kolonne: Umgangssprachliche Bezeichnung für den Feinbrennaufsatz eines Brenngeräts.

Maische: Ist das zerkleinerte Obst, das zum Gären vorbereitet wird.

Methanol: Anderer Ausdruck für Methylalkohol. Ursprünglich immer dem Vorlauf zugeordnete Alkoholart, die für den Menschen schädlich ist. Der Anteil an Methanol im Brand ist gesetzlich limitiert.

Mittellauf: Ausdruck für den verwendeten Teil eines Brandes. Der Hauptanteil an Ethylalkohol ist in diesem Abschnitt zu finden.

Nachlauf: Höhersiedende Alkohole, die nach dem Mittellauf aus dem Brenngerät kommen. Sie sind am Gaumen durch ein deutliches Brennen und auf der Zungenaußenseite durch Schärfe erkennbar. Weiters ist oftmals bei starkem Auftreten ein dumpfer Kesselgeschmack zu bemerken.

Olfaktorisch: Den Geruchsnerv in der Nase betreffend, der die Empfindungen ins Gehirn weiterleitet.

Pektin: Stoffe, die als Kittsubstanz im Zellgewebe dienen. Werden mittels Enzym aufgeschlossen.

pH-Wert: Faktor, der für die Sicherheit der Gärung und des fertigen Brandes vom Brenner unbedingt berücksichtigt werden muss.

Refraktometer: Gerät zur Zuckerbestimmung in der Maische. Arbeitet mit der Lichtbrechung von Prismen..

Sambunigrin: Das Glykosid kommt in den unreifen Beeren und den Samen der reifen Beeren des Holunders vor und kann in Gegenwart von Wasser Blausäure abspalten.

Schlempe: Rückstand der Branntweinbereitung, der als Futtermittel oder Dünger großflächig verwendet werden kann.

Sorbit: Unvergärbarer Zucker, der vorwiegend in Wildfrüchten und Mostbirnen vorkommt.

Spindel: Messwaage zur Kontrolle des Alkohol- oder Zuckergehaltes. Die Anzeige erfolgt durch die Eintauchtiefe in eine Flüssigkeit.

Verzuckerung: Die Aufspaltung von Stärke in Getreide, die die einzelnen Zucker vergärbar machen soll.

Vorlauf: Erster Teil des Feinbrandes oder des Brandes in der Kolonne, der deutlich nach Klebstoff riecht und schmeckt. Gekennzeichnet durch Isoamylalkohol und Essigsäureester.

Zucker: Unabdingbarer Stoff für die Edelbrandproduktion. Durch enzymatische Spaltung der Hefe wird daraus Alkohol.

Literatur

Anonym: Verordnung Nr. 852/2004 des EU-Parlamentes und des Rates über Lebensmittelhygiene

Fischerauer, Andreas: Essig selbst gemacht, Stocker, Graz, 2001

Ortner, Wolfram: Destillata Guide 1995, Österreichischer Agrarverlag, Wien, 1995

Pischl, Josef: Schnapsbrennen, Stocker, Graz, 2001

Scholten, Gerd: Verfahren zur Destillatbehandlung, Seminarunterlage, Trier, 1998

Tanner, Hans; Brunner, Hans R.: Obstbrennerei Heute, Heller Chemie, Schwäbisch Hall, 1987

Vallendar, Hubertus: Seminarunterlagen für Verkoster, Bad Kleinkirchheim, 1996

Wüstenfeld, Hermann; Haeseler, Georg: Trinkbranntweine und Liköre, Blackwell-Wissenschafts-Verlag, Berlin, 1996

Register

Rohstoffe und Brände

Adlitzbeerbrand	14
Apfel	10
Apfelbrand	11
Aprikose	18
Beerenobst	19
Bier	26
Bierbrand	27
Birne	11
Birnenbrand	11
Branntwein	25
Brombeerbrand	21
Brombeere	21
Buchweizen	26
Dinkel	26
Eberesche	13
Ebereschenbrand	14
Elsbeere	14
Erdbeerbrand	23
Erdbeere	23
Gemüse	27
Gemüsebrand	27
Gerste	26
Getreide	26
Getreidebrand	26
Hafer	26
Hefe	25
Hefebrand	25
Heidelbeerbrand	23
Heidelbeere	22
Himbeerbrand	20
Himbeere	20
Holunder	22
Holunderbrand	22
Johannisbeerbrand	21
Johannisbeere, rote	21
Johannisbeere, schwarze	21
Johannisbeere, weiße	21
Kaffeebrand	71
Karotte	27
Kartoffel	26
Kartoffelbrand	26
Kürbis	27
Kernobst	10
Kirschbrand	15
Kirsche	14
Kornelkirsche	19
Kornelkirschenbrand	19
Kriecherl	16
Kriecherlbrand	17
Mais	26
Marille	18
Marillenbrand	18
Mirabellen	16
Mirabellenbrand	17
Mispel	13
Mispelbrand	13
Pfirsich	17
Pfirsichbrand	17
Pflaume	16
Pflaumenbrand	16
Quitte	12
Quittenbrand	12
Renekloden	16
Ringlotten	16
Ringlottenbrand	17
Roggen	26
Rote Rübe	27
Sauerkirschen	14
Schlehe	18
Schlehenbrand	19

Sellerie 27
Speierling 13
Speierlingbrand 13
Stachelbeerbrand 22
Stachelbeere 22
Steinobst 14
Tomate 27
Topinambur 26
Topinamburbrand 26
Traube 24
Traubenbrand 24
Traubenkirsche 19
Traubenkirschenbrand 19
Traubentresterbrand 24
Trester 24
Vogelbeere 13
Vogelbeerbrand 14
Weichsel 14
Weichselbrand 15
Wein 23, 25
Weinbrand 25
Weizen 26
Zigarrenbrand 70
Zwetschke 16
Zwetschkenbrand 16

Fachbegriffe

Abfindungsbrennerei 93
Abfüllung .... 68 f.
Abklingende Gärung 36
Acetaldehyd 35, 51
Aceton 35, 51
Acrolein 55
Alkoholvorlage 44
Alkoholsteuergesetz 82, 100
Amygdalin 17, 55

Ansatzlikör .... 76 f.
Ausbeutesatz 54, 95
Bakterien 39
Benzaldehyd 14, 16
Blase 42
Bittermandel 15, 55
Blausäure 16, 55
Brennereiordnung, Deutsche 100
Buttersäure 55
CASCO-System 62
Chargenbuch 69, 82
Clinitest 37
Deckungsbeitrag 96
Dephlegmator 42, 51
Destillation .... 40 ff.
Destillation, Gegenstrom- 41
Destillation, Gleichstrom- 40
Entsäuerungskalk 25
Enzym .... 33 f.
Enzyme, pektinspaltende 33
Enzyme, stärkespaltende 33
Ethanol 32, 74
Essigbakterien 15
Essigsäure 35, 51
Exzenterschneckenpumpe 31
Feinbrand .... 49, 51 f.
Feinbrennaufsatz 50
Fertigpackungsverordnung 100
Filtration .... 66 f.
Flügelmixer 29
Fuselalkohole 53
Gärsteuerung .... 37 f.
Gärstockungen .... 38 f.
Gärung, abklingende 36
Gärung, stürmische 36
Gegenstromdestillation 41
Geistrohr 43

Getreidemühle 29

Gleichstromdestillation 40

HACCP-Konzept 82

Hauptgärung 36

Hefe .... 13, 32 f.

Hefenahrung 33

Helm 42

Hygiene .... 79 f.

Impellerpumpe 31

Invertzucker 75

Investitionskosten 93

Katalysator 45

Kennzeichnung 69

Kennzeichnungsverordnung,

Lebensmittel- 69

Kolonnendestillation 25, 51

Kühler 43

Kühler, Röhren- 44

Kühler, Schlangen- 38, 43

Lagerung .... 59 ff.

Likörbereitung .... 74 ff.

Lutterwasser 57

Maischebereitung 28

Metallgeschmack 55

Methanol .... 32, 34 ,61 f.

Milchsäure 35, 55

Mischlikör .... 76 f.

Mittellauf 53

Mykotoxine 39

Nachgärung 36

Nachlauf 53

Phosphorsäure 35

Preiskalkulation 94, 97

Rätzmühle 28

Raubrand 48

Röhrenkühler 44

Rührwerk 45

Sambunigrin 22

Säurezugabe 34

Schabgeräte 29

Schaumstoppmittel 25

Schimmelpilze 39

Schlangenkühler 38, 43

Schleuderfräse 29

Schwefelsäure 35

Sorbinsäure 13

Sorbit 15

Spirituosenverordnung, Europäische 7

Steingeschmack 55

Stürmische Gärung 36

Trinkstärke, Einstellung der .... 64 ff.

Vergärung 36

Verkaufspreis 94

Verkostung .... 84 ff.

Verkosterglas .... 86 f.

Verkostervokabular .... 87 ff.

Verschlussbrennerei 10, 45

Verstärker 43

Vorgärung 36

Vorlauf .... 51 f.

Walzenmühle 28

Wasserenthärtung 62

Wässerung 13

Zitronensäure 35, 58

Bildquellen

Umschlag: Waldhäusel
Inhalt: Andreas Fischerauer

Impressum

© 2007 Österreichischer Agrarverlag Druck- und Verlagsges.m.b.H. Nfg.KG,
Sturzgasse 1A, A-1141 Wien, E-Mail: buch@avbuch.at, Internet: www.avbuch.at

Die Deutsche Bibliothek – CIP-Einheitsaufnahme
Die Deutsche Bibliothek verzeichnet diese Publikation in der Deutschen Nationalbibliografie; detaillierte bibliografische Daten sind im Internet über http://dnb.ddb.de abrufbar.

Das Werk (geänderte Neuauflage) ist einschließlich aller seiner Teile urheberrechtlich geschützt. Jede Verwertung außerhalb der engen Grenzen des Urheberrechtsgesetzes ist ohne Zustimmung des Verlages unzulässig und strafbar. Das gilt insbesondere für Vervielfältigungen, Übersetzungen, Mikroverfilmungen und die Einspeicherung und Verarbeitung in elektronischen Systemen.

Für die Richtigkeit der Angaben wird trotz sorgfältiger Recherche keine Haftung übernommen.

Redaktion: Rosemarie Zehetgruber – gutessen consulting
Umschlag & Layout: Ravenstein + Partner, Verden
Satz & Bildreproduktion: Hantsch & Jesch OEG, Leopoldsdorf
Druck und Bindung: Westermann Druck, Zwickau
Printed in Germany

ISBN: 978-3-7040-2228-8

Paradies für Schnapsbrenner -
Nix gibt's, wås net gibt!

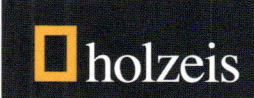

... und das ist Ihr Schnaps!

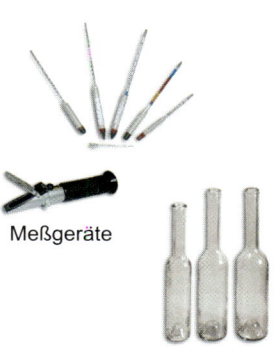

Reinzuchthefen

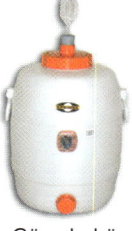

Meßgeräte

Flaschen

Kleinstgrößen sind unsere Spezialität!

Gärzubehör

Versand & Detail & Kurse

www.holzeis.at

holzeis
Kellereibedarf Knopf GmbH
Gurkgasse 16 | 1140 Wien | Tel +43 (0)1 982 62 40 | Fax +43 (0)1 982 82 08 | info@holzeis.at

Wein und Saft selber machen,
Bier brauen, Liköre ansetzen,
Schaumwein sprudeln lassen...

Wir liefern Ihnen alles, was Sie dazu brauchen:
Obst- und Beerenpressen, Mühlen, Gummistopfen und -kappen, Gäraufsätze, Verschließgeräte für
Natur- und Kronkorken, Oechslewaagen, Refraktometer, Alkoholometer, Meßzylinder, Antigel,
VIERKA-Reinzuchthefen, Sekthefen, Behandlungsmittel, Wein-, Sekt-, Likörflaschen, Schläuche,
Filtergeräte, Filterschichten, Liköressenzen, reiner Weingeist 96%, Likörkräuter, das VIERKA-
Weinbuch und Fachliteratur. **Für die Bier-Herstellung:** Hopfen, Malz (geschrotet und unge-
schrotet), Flüssigmalz, Farbmalze, ober- und untergärige Bierhefe, Bierspindeln Biersieb, Bierheber,
Gäraufsätze, Jodlösung, Meßzylinder, Thermometer, Bierflaschen mit Bügelver-
schluß, Glasbierballon mit Henkel und Bügelverschluß, Zapfgarnituren, Hahnen,
Fässer aus Holz, Kunststoff, Edelstahl, Glasballons und Fachliteratur.

Bitte Gratisinfo
anfordern

VIERKA, Friedrich Sauer
Weinhefezuchtanstalt GmbH & Co.
Postfach 1328, D-97628 Bad Königshofen
Tel.: (0049) 09761 / 9188-0, Fax: (0049) 09761 / 9188-44
www.vierka.de e-mail: mail@vierka.de

Der gute Weingeist

Wir sorgen für Aroma.

MÜLLER GmbH
BRENNEREIANLAGEN
D-77704 Oberkirch-Tiergarten
St. Urban Straße 17/19
Tel. 07802/9355-0
www.brennereianlagen.de

Unser Partner in Österreich:

schmidt
Kupfer-Edelstahlschmiede

Loingerstr. 12
A-6300 Wörgl
Mobil 0664/4454729
www.tiroler-kupferschmiede.at

BOCKMEYER
Kellereitechnik GmbH

Alles für die Brennerei, Kellerei, Süßmostkelterei, sowie für
Vinotheken und Selbstvermarkter

Zementwerk 3 - 72622 Nürtingen - Telefon (07022) 933430 - Fax (07022) 31123
Internet: www.Bockmeyer.de   E-Mail: info@Bockmeyer.de

EDUARD
HOLSTEIN
Brennerei-Anlagen

+ Brennerei-Zubehör
+ Rührwerke
+ Obstmuser
+ Pasteurisieranlagen
+ Obstpressen
+ Filtergeräte
+ Obstwaschanlagen
+ Entsteinungsmaschinen
+ Pumpen für Maische,
  Saft und heiße Schlempe

EDUARD
HOLSTEIN
Brennerei-Anlagen

Friedrichshafener Str.: 49
D-88097 Eriskirch / Bodensee

Tel.: 07541 82575
Fax: 07541 82745

Email:
holstein-eriskirch@t-online.de

Internet:
www.holstein-brennereien.de

Obstverarbeitung leicht gemacht

Entstein-/ Passieranlage
EP 1000

Zum Entsteinen und Passieren von Steinobst
für optimalen Maische-/ Aromaaufschluss bei Brennereien bzw. Gewinnung homogener steinloser Maische bei Pressbetrieben.

Speziell für Brennereien.

Frucht und Gemüsesäfte
natürlich, erfrischend, wohlschmeckend, gesund

voran®

Voran Maschinen GmbH
A-4632 Pichl/Wels, Tel. 43 (0) 72 49/444-0,
Fax +43 (0) 72 49/444-50, e-mail: office@voran.at

Professional solutions   www.voran.at

BRENNEREIFACHBEDARF

BRELU

- GLÄSER & KORKEN
- VERPACKUNG
- FLASCHEN
- FILTER & ALKOHOLOMETER
- HEFEN & ENZYME
- SCHRUMPFGERÄTE
- GLASBALLONS
- ABFÜLLGERÄTE perfekt sauber
  sowie sämtliches Zubehör für Schnapsbrenner, Moster etc.

KATALOG GRATIS

LUCHNER HERWIG
Tel.: (+43) 05242 / 63242
Fax: (+43) 05242 / 66116
A - 6135 STANS • Schlagturn 29

brelu@brelu.at • www.brelu.at

Brandstifter

BECO SELECT® A Tiefenfilterschichten
Aromaschonend

SIHA Aktivhefe 6 (Brennereihefe)
Perfekt für die Vergärung

SIHA Combisäure CS Granulat
Bequeme pH-Wert-Einstellung

TRENOLIN® SupraMash
Maximale Verflüssigung und Aromafreisetzung

E. BEGEROW GmbH &Co.
55450 Langenlonsheim
Germany
www.begerow.com

BEGEROW